Das

Holz der deutschen Nadelwaldbäume.

Von

Dr. Robert Hartig,

Professor der Botanik an der Universität München.

Mit 6 in den Text gedruckten Holzschnitten.

Berlin.

Verlag von Julius Springer.

1885.

Vorwort.

Hiermit übergebe ich dem forstlichen und botanischen Publicum die Resultate einer Arbeit, durch welche die Factoren aufgeklärt werden sollen, welche für die Qualität des Holzes der Nadelwaldbäume maassgebend sind. Ich habe geglaubt, mich der Erforschung dieser Verhältnisse zuwenden zu sollen, nachdem weder in der Botanik noch in der Forstwissenschaft bisher befriedigende Aufschlüsse hierüber geboten wurden, die Erzeugung möglichst werthvollen Holzes aber immer mehr die Aufgabe der Forstwirthschaft werden sollte. Die in der Neuzeit befolgten Grundsätze bei der Gründung und Erziehung der Nadelholzbestände, insbesondere der kahle Abtrieb, die weitständigen Pflanzverbände, die starken Durchforstungen entsprechen so wenig diesen Anforderungen, dass es dringend nöthig erscheint, auf Consequenzen dieser forstlichen Maassregeln hinzuweisen, die bisher gar nicht oder doch in ungenügend wissenschaftlich begründeter Form hervorgehoben worden sind. Die einander oft in ihrer Wirkung aufhebenden Factoren, welche die Holzqualität bestimmen, sind so verschiedenartiger Natur, dass es wohl unbillig sein würde, zu beanspruchen, dass die vorliegende Arbeit die einschlägigen Fragen sämmtlich in erschöpfender Weise behandele. Ich erkenne sehr gern an, dass noch mannigfache Lücken auszufüllen sind und würde sehr erfreut sein, wenn vorliegende Arbeit Anregung zu recht zahlreichen ähnlichen Untersuchungen gäbe.

Ich kann nicht umhin, bei dieser Gelegenheit Sr. Excellenz dem Herrn Staatsminister der Finanzen Dr. von Riedel meinen gehorsamsten Dank auszusprechen für die Unterstützung, die derselbe mir nach jeder Richtung hin bei meinen wissenschaftlichen Bestrebungen angedeihen lässt.

München, den 25. Juli 1885.

Der Verfasser.

ISBN-13:978-3-642-89802-0   e-ISBN-13:978-3-642-91659-5
DOI: 10.1007/978-3-642-91659-5

Softcover reprint of the hardcover 1st edition 1885

Inhalt.

Seite

Einleitung 1

Rückblick auf die Arbeiten über Form und Quantitätszuwachs der Einzelbäume und der Waldbestände. Nothwendigkeit der Untersuchungen über Qualität des Holzes. Abhängigkeit des Holzpreises von äusseren Factoren. Bedeutung der inneren Qualität. Anatomischer Bau des Nadelholzes. Das specifische Trockengewicht als Maassstab zur Beurtheilung der mechanischen Eigenschaften des Holzes. Aeltere Untersuchungen von Duhamel, Chevandier und Wertheim, Sanio und dem Verfasser.

Kapitel I.

Das Untersuchungsmaterial 20

Bezeichnung der Oertlichkeiten und Bestände, aus denen die untersuchten Bäume entnommen sind. — Lärche. — Kiefer. — Fichte. — Tanne. — Zirbelkiefer. — Bergkiefer.

Kapitel II.

Die Untersuchungsmethode 23

a. Fällungszeiten. Vorbereitung der Stämme. Ausästen und Einsägen derselben 23

b. Untersuchung im Walde. Zerschneiden der Stämme. Aussonderung der Probestücke. Splint. Mitte. Kern. Wägung 25

c. Untersuchung im Laboratorium. Messung im Xylometer. Frischzustand. Lufttrockengewicht. Wirkliches Trockengewicht. Umrechnung aus letzterem in ersteres. Berechnung 1. des specifischen Frischgewichtes, 2. des specifischen Trockengewichts, 3. des Schwindens, 4. der organischen Substanz im Frischvolumen, 5. des Wassergehalts im Frischvolumen, 6. des Wassergehalts auf 100 Frischgewichtseinheiten, 7. des Luftraums im Holze, 8. des Volumens der gesättigten Holzsubstanz, 9. der liquiden Wassermenge, 10. des Wassergehalts in 100 Theilen des inneren Zellraums.

Darstellung der Untersuchungsresultate in den Einzeltabellen 26

Kapitel III.

Die Jahrringbildung 32

Rindendrucktheorie von de Vries. Ernährungstheorie. Versuche über Zuwachs an entästeten Bäumen.

Seite

Kapitel IV.

Das Dickenwachsthum der Bäume 35

Der Beginn der cambialen Thätigkeit hängt von der Erwärmung des Cambiums ab, deshalb an dünnrindigen Baumtheilen zuerst, an starkborkigen Theilen zuletzt. Im geschlossenen Bestande Verzögerung des Beginnes im unteren Baumtheile um 4 Wochen und mehr. Untersuchungen über Entwickelung des Jahrringes Ende Juni in verschiedenen Baumhöhen. Die Hinausschiebung der Zuwachsthätigkeit in die günstigste Wachsthumsperiode erklärt die Steigerung an Quantität und Qualität im unteren Baumtheile.

Kapitel V.

Die Abhängigkeit der Holzqualität von dem Steigen und Fallen der Zuwachsgrösse des Baumes 39

Mit dem Wachsen und Sinken der Ernährung eines Baumes steigt und fällt die Qualität des erzeugten Holzes. Die Ringbreite allein bietet keinen Maassstab zur Beurtheilung der Qualität, sondern der Flächenzuwachs. Die Qualität sinkt von unten nach oben im Baume. Untersuchungen über Verhältniss zwischen Ringbreite, Flächenzuwachs und Qualität an dominirenden Bäumen, an stark unterdrückten Bäumen und an Lichtstandsbäumen.

Ueber den Einfluss der Himmelsrichtung auf die Qualität des Holzes.

Kapitel VI.

Der Einfluss des Baumalters auf die Holzqualität 55

Die Holzqualität steigt so lange, als der Massenzuwachs steigt. Die mittlere Holzqualität ganzer Bäume steigt noch, wenn die Qualität des laufenden Zuwachses in der Abnahme begriffen ist. Der Verkernungsprocess schiebt den Zeitpunkt der höchsten Qualität noch hinaus.

Kapitel VII.

Der Einfluss der Bodengüte auf die Holzqualität 58

Für die Kiefer gilt der Satz, dass der bessere Boden auch das bessere Holz erzeugt.

Kapitel VIII.

Der Einfluss der Hochgebirgslage auf die Holzqualität 60

Durch den Ausfall der langen Frühjahrszeit mindert sich die Production von Frühjahrsholz, die Gesammtqualität steigt also.

Kapitel IX.

Der Einfluss der Erziehungsart auf die Holzqualität 62

Erziehung in dichtem Bestandesschlusse verzögert den Beginn der Zuwachsthätigkeit gegenüber dem Freistande um 4 Wochen und mehr. Dadurch vermindert sich die Production von Frühjahrsholz und die Qualität wird besser.

Natürliche Verjüngung, mässige Durchforstung in der Jugend, starke Durchlichtung in höherem Alter unter Erhaltung des Bodenschutzes liefern das beste Holz.

Kapitel X.

Der Einfluss der Jahrringbreite auf die Holzqualität der Bäume eines Bestandes 69

Seite

Kapitel XI.

Eigenthümlichkeiten der einzelnen Holzarten 78
    a. Das Lärchenholz 78
    b. Das Kiefernholz 82
    c. Das Fichtenholz 87
    d. Das Tannenholz 89
    e. Das Zirbelkiefern- und Bergkiefernholz 91
    f. Vergleich der deutschen Nadelholzarten 93

Kapitel XII.

Der Wassergehalt der Nadelholzbäume 94
Die Wassercapacität der Holzwandungen. Liquides Wasser im Zelllumen ist nur im Splinte vorhanden.
Wasservertheilung im Splint, Kern und ganzen Holzkörper nach Baumhöhe und Jahreszeiten getrennt. Lärche, Kiefer, Fichte, Tanne.

Kapitel XIII.

Das Schwinden des Nadelholzes 99
Erklärung des Schwindens. Die Volumverminderung ist etwas geringer, als sie sein würde, wenn die feste Substanz homogen wäre. Das Schwinden ist um so grösser, je schwerer das Holz ist. Einfluss der Verkernung auf das Schwinden.

Kapitel XIV.

Rückblick auf die Hauptresultate 103

Die Einzeltabellen 109

Einleitung.

Vor 25 Jahren stellte ich mir die Aufgabe, die Gesetze zu ergründen, welche für den Zuwachsgang der Bäume und der Waldbestände nach Form und Quantität maassgebend sind. Mich stützend auf die Vorarbeiten meines Vaters veröffentlichte ich im Jahre 1865 eine erste Reihe von Zuwachs-untersuchungen und Erfahrungstafeln,[1] welcher im Jahre 1868 eine zweite Serie[2] folgte. Auf dem Wege der sectionsweisen Zuwachsberechnung an 205 meist haubaren Bäumen gelangte ich zu dem Resultate, dass in der Jahrringbreite allein die Gesetze des Dickenwachsthums nicht zum Ausdruck gelangen, vielmehr nur der aus Ringbreite und Stammdurchmesser zu be-rechnende Massenzuwachs (gleich Flächenzuwachs) einen Einblick in das Gesetzmässige des Baumwuchses zu verschaffen im Stande ist. Diese Ge-setze, über welche ich in besonderen Abhandlungen[3] berichtet habe, sind kurz gefasst folgende:

Jeder Baum ist in drei Abschnitte zu zerlegen, in die belaubte Baum-krone, in den astlosen Schaft und in den Wurzelanlauf. Für die Baum-krone und den bis zum Fusse beasteten frei erwachsenen Baum gilt das Gesetz, dass die Zuwachsgrösse von oben nach unten zunimmt, meist in so schnellem Verhältniss, dass sogar die Jahrringbreite nach unten sich ver-grössert. Für den astfreien Schaft gilt als Regel, dass der Zuwachs nach unten zunimmt, wenn die Krone gut entwickelt und beleuchtet ist, so dass eine reichliche Production von Bildungsstoffen erfolgt. In der Regel nimmt

---

1) Vergleichende Untersuchungen über Wachsthumsgang und Ertrag der Rothbuche und Eiche im Spessart, der Rothbuche im Wesergebirge, der Kiefer in Pommern und der Weisstanne im Schwarzwalde. Cotta, Stuttgart, 1865.

2) Die Rentabilität der Fichtennutzholz- und der Buchenbrennholz-Wirthschaft im Harz und Wesergebirge. Cotta, Stuttgart, 1868.

3) Ueber das Dickenwachsthum der Waldbäume. Zeitschrift für das Forst- und Jagd-wesen 1870, Bd. III, Heft 1, und Botanische Zeitung 1870, No. 32, 33.

aber trotzdem die Ringbreite nach unten ab und nur nach Freistellungen und an sehr vollkronigen, dominirenden Bäumen unter allseitiger Lichtwirkung nimmt auch die Ringbreite nach unten zu. Beide Fälle sind zu erkennen an einer 60jährigen, seit 10 Jahren völlig freigestellten Fichte (Kapitel V). Der Zuwachs an diesem dominirenden, vollkronigen Baume ist während des ganzen Lebens nach unten zunehmend gewesen; bis zum 50. Jahre etwa sind die Ringbreiten aber unten bedeutend geringer und erst nach völliger Freistellung vergrösserte sich der Zuwachs nach unten so rapid, dass in den beiden letzten 5jährigen Perioden auch die Ringbreiten nach unten zunahmen.

Im Gegensatze hierzu zeigen alle Bäume mit schwach entwickelter, unterdrückter Krone eine Abnahme des Zuwachses von oben nach unten, die in extremen Fällen sogar dahin führen kann, dass im unteren Baumtheile gar kein Zuwachs mehr erfolgt. Meine früheren Untersuchungen habe ich in letzter Zeit mehrfach bestätigen können, indem ich selbst an 80jährigen Kiefern und 70jährigen Fichten ein Aussetzen der Zuwachsthätigkeit am Stammende über 10 Jahre hinaus feststellte. Physiologisch ist diese Erscheinung von grösstem Interesse, indem sie zeigt, dass ein Bildungsgewebe eine lange Reihe von Jahren aus Nahrungsmangel functionslos bleiben und doch sich am Leben erhalten kann. Untersuchungen meines Vaters an stark ausgeästeten Bäumen haben gezeigt, dass mit der Neubildung der Krone die Thätigkeit des Cambiums nach langjähriger Unterbrechung wieder aufgenommen wird.

Zwischen den beiden vorbezeichneten Wuchsformen kann nun ein Baum auch in der Mitte stehen oder periodisch schwanken. So habe ich gezeigt, dass die in höherem Alter sich licht stellenden Holzarten, z. B. Kiefer, Erle u. s. w. in der Jugend bei geschlossenem Bestande und schwacher Kronenentwickelung sich der zweiten Wuchsform nähern, in höherem Alter mit Ausnahme der unterdrückten Bäume immer entschieden die erste Wuchsform besitzen. Bei den sich oft bis zu hohem Alter im dichten Schlusse erhaltenden Tannen, Fichten, Buchen gehören die dominirenden Stammklassen der ersten, die unterdrückten und die geringeren Stammklassen der zweiten Wuchsform an, und viele Bäume der mittleren Stärkeklasse zeigen auf grosse Strecken des Schaftes fast gleich bleibenden Zuwachs.

Der dritte Baumtheil, der sog. Wurzelanlauf, der sich bei älteren Bäumen, zumal Fichten, oft auf zwei Meter nach aufwärts erstreckt, ist durch eine sehr bemerkenswerthe Schnellwüchsigkeit ausgezeichnet, die nicht selten zu auffälligen Anschwellungen des unteren Stammendes führt.

Die Wurzeln endlich zeigen, wie die Aeste, eine Abnahme des Zuwachses nach der Spitze zu.

Bei Besprechung der Resultate meiner vorliegenden Untersuchungen werde ich versuchen, diese Wuchsformen physiologisch zu erklären.

Mit wenig Worten will ich auch derjenigen Untersuchungen Erwähnung thun, die sich auf die Wachsthumsgesetze beziehen, welche der Entwickelung gleichartiger, geschlossener Waldbestände zu Grunde liegen. Auf dem Wege der Einzelforschung hatte ich etwa 130 Waldbestände in sorgfältigster Weise untersucht und unter Benutzung von Weiserbeständen eine Reihe Erfahrungstafeln aufgestellt, die in hohem Grade geeignet waren, einen Einblick in das Gesetzmässige der Entwickelung gleichartiger Waldbestände zu verschaffen.

Der Umstand, dass sich mir in dem noch fast völlig unbearbeiteten Gebiete der Krankheitslehre unserer Waldbäume ein so dankbares und durch die Schwierigkeiten, die sich dem Forscher entgegenstellen, nur Wenigen zugängliches Arbeitsfeld eröffnete, veranlasste mich, die Fortsetzung dieser Ertragsuntersuchungen Anderen zu überlassen. Ich freue mich, dass diese Arbeit dann auch durch die forstlichen Versuchsanstalten aufgenommen ist.

Während ich meine Untersuchungen in allen Theilen selbst ausführen musste, was natürlich dem Werth dieser Arbeiten zu Gute gekommen ist, benutzt der Verein der forstlichen Versuchsanstalten ein Heer von Arbeitskräften und reichliche vom Staate gewährte Geldmittel. Eine Reihe von Arbeiten ist seitdem erschienen, die ich hier nicht im Einzelnen verfolgen kann, von denen ich aber nur die zuerst erschienene, nämlich die von der Königl. Württembergischen Versuchsanstalt veröffentlichte Arbeit über den Ertrag der Fichte[1]) hervorheben will.

Mit grossem Vergnügen habe ich aus dem Einblick in diese Arbeit entnommen, dass eine in hohem Grade erfreuliche Uebereinstimmung der darin niedergelegten Resultate mit den von mir 8 Jahre zuvor gefundenen Ergebnissen besteht, und da hierdurch der Werth der von Baur aufgestellten Sätze, die er als vorläufige Resultate seiner Untersuchungen bezeichnet, nur gewinnen kann, so will ich doch nicht versäumen, auf diese Uebereinstimmung in der Kürze hinzuweisen.

1. Seite 46 meiner „Rentabilität" heisst es bei Besprechung der Resultate meiner Normalertragstafeln wörtlich:

„Die Höhe des Bestandes ist eine sehr verschiedene je nach der grösseren oder geringeren Güte des Standortes. Sie ist der beste Maassstab zur Beurtheilung der letzteren" . . . .

Fr. Baur bestätigt dies Seite 16 seiner Schrift mit den Worten: „es

---

1) Die Fichte in Bezug auf Ertrag, Zuwachs und Form von Dr. Fr. Baur. Stuttgart 1876.

stellte sich bald heraus, dass der untrüglichste Maassstab für die Beurtheilung der Bonität in der mittleren Bestandeshöhe liege." — —

2. Meine Erfahrungstafeln zeigen, dass das Maximum des laufend jährlichen Höhenwuchses zwischen das 20. bis 40. Jahr, der grösste Durchschnittshöhenzuwachs bei Standort I zwischen 40—60, bei II ins 50. Jahr fällt.

Fr. Baur bestätigt das in dem Satze: „Bei Fichtenbeständen verschiedener Bonität fällt das Maximum des laufend jährlichen Höhenwuchses zwischen 21—41, dagegen das Maximum des durchschnittlich jährlichen Höhenwuchses zwischen 40—78 Jahre und zwar tritt das Maximum dieser beiden Höhenwuchsarten früher bei guten, als bei schlechten Bonitäten ein."

Ich bemerke hierzu und zum Verständniss des Folgenden, dass ich nur zwei Standortsklassen, die Württembergische Versuchsanstalt noch mehrere geringere Standortsklassen untersucht hat, weshalb die Grenzen für die Angaben der letzteren weiter gezogen sind.

3. Nach meinen Erfahrungstafeln fällt das Maximum des laufenden Massenzuwachses in das 30—40. Jahr, das Maximum jährlichen Durchschnittszuwachses in das 50—60. Jahr. Mit Hinzurechnung der Vornutzungen, die von Fr. Baur unberücksichtigt geblieben sind, fällt das Maximum des Durchschnittszuwachses bei Standort I in das 70—80. Jahr, auf Standort II in das 70—110. Jahr, hält also länger aus als auf Standort I.

Fr. Baur bestätigt dies im Wesentlichen mit folgendem Satze: „Bei Fichtenbeständen verschiedener Bonität fällt das Maximum des laufend jährlichen Massenzuwachses zwischen das 27. und 50. Jahr: dagegen das Maximum des jährlichen Durchschnittszuwachses zwischen das 45—86. Jahr und zwar tritt das Maximum früher bei gutem als schlechtem Standort ein. Das Maximum des durchschnittlichen Massenzuwachses (excl. Vornutzungen) erfolgt z. B. bei Fichte I. Bonität schon mit 45—48, dagegen bei Bonität II mit 56—62 Jahren." —

4. Fr. Baur stellt den ferneren Satz auf: „In geschlossenen Beständen gleicher Bonität ist der laufend jährliche Massenzuwachs proportional dem laufend jährlichen Höhenzuwachs, d. h. es verhalten sich, gleiche Bonitäten vorausgesetzt, die Massen zweier ungleich alter Bestände wie ihre Höhen."

Dieser Satz, der, wenn ich nicht irre, auch schon von anderer Seite bekämpft worden ist, findet in meinen Untersuchungen keine Bestätigung, insofern nämlich der Höhenzuwachs in späterem Alter weit langsamer steigt, als der Massenzuwachs.

5. Nach meinen Erfahrungstafeln ist im 100 jährigen Alter das Zuwachsprocent auf Standort I bereits auf 1,04 gesunken, während es auf Standort II noch 1,42 pCt. beträgt.

Fr. Baur bestätigt dies in dem Satze: „Die Zuwachsprocente sinken um so rascher, je besser der Standort des Bestandes ist und umgekehrt."

6. Nach meinen Tafeln stellt sich die Kreisflächensumme für I. Bonität etwas höher (55,6 qm im 100. Jahre) als bei II. Bonität (mit 51,2 qm). Da auch die Bestandeshöhe geringer ist, so ist der Holzmassenunterschied zwischen beiden Standorten selbstverständlich weit grösser, z. B. im 100. Jahre 1130 fm auf Standort I gegen 947 fm auf Standort II.

Fr. Baur bestätigt dies in dem Satze: „Die Kreisflächensummen normaler Fichtenbestände sinken mit abnehmender Bonität, jedoch langsamer als die Holzmassen abnehmen."

7. Der laufend jährliche Kreisflächenzuwachs zeigt nach meiner Erfahrungstafel Standort I vom 70. bis 110. Jahre eine völlig gleiche Zunahme von 0,16 qm p. Hect.

Fr. Baur stellt den Satz auf: „Der laufend jährliche Flächenzuwachs bleibt sich etwa vom 60. Jahre an fast gleich!"

8. Seite 45 meiner Rentabilität gebe ich eine Zusammenstellung der Formzahlen, aus der hervorgeht, dass dieselben vom 20. Jahre mit 0,70 an bis zum höchsten Alter beständig abnehmen und im 110 resp. 140 jährigen Alter nur noch 0,48 betragen.

Fr. Baur bestätigt dies Seite 84 seiner Schrift in den Worten: „Unsere (Baur's) Untersuchungen über die Normalformzahlen haben ergeben, dass dieselben nicht, wie seither angenommen wurde (!), mit wachsendem Alter zunehmen, sondern kleiner werden." —

Es genügt das Vorstehende wohl, um zu zeigen, dass auch der von den forstlichen Versuchsanstalten eingeschlagene Weg zu recht erfreulichen Resultaten geführt hat.

Wie bekannt, bin ich seit langer Zeit mit der Lösung weitaus schwierigerer Fragen beschäftigt und beabsichtige nicht, zu dem Arbeitsfelde, auf dem ich meine wissenschaftliche Laufbahn vor 25 Jahren begann, zurückzukehren. Ich kann das getrost jüngeren Kräften überlassen, doch musste ich jene Untersuchungen über Masse und Form des Zuwachses erwähnen, weil die vorliegenden Arbeiten über den Qualitätszuwachs, wie man sie wohl nennen könnte, an sie sich anreihen.

Es ist in den letzten Jahren in forstlichen Kreisen sowie unter den Holzhändlern die Unkenntniss der Verhältnisse, welche die Güte des Nadelholzes bedingen, als eine empfindliche Lücke unseres Wissens erkannt. Diesem Bedürfnisse ist die Aufstellung des dritten Themas für die XIII. Versammlung deutscher Forstmänner zu Frankfurt a. M., welche vom 16. bis 20. September 1884 tagte, entsprungen.

Der Referent für dieses Thema, Oberförster Ney aus Hagenau, hatte schon vorweg zehn Thesen aufgestellt und im „Handelsblatt für Walderzeugnisse" vom 16. September 1884 abdrucken lassen, die dann der Verhandlung zu Grunde gelegt wurden. Da diese Thesen ein vortreffliches Bild des gegenwärtigen Standes des forstlichen Wissens auf diesem Gebiete darstellen, so lasse ich dieselben hier wörtlich folgen:

„1. In der allgemeinen Werthschätzung rangiren die deutschen Nadelhölzer im Durchschnitt des ganzen deutschen Reiches bei den zusammengefassten wichtigsten Verwendungsarten als Säge-, Bau- und Scheitholz folgendermaassen: Fichte, Kiefer, Lärche, Tanne. Man bevorzugt im Allgemeinen die Kiefer vor der Fichte, wo es auf Dauer und Brennkraft, die Tanne vor der Kiefer, wo es auf Tragkraft und Spaltbarkeit ankommt.

2. In den verschiedenen Theilen Deutschlands ist dies Durchschnittsverhältniss ein verschiedenes. Es rangiren in Süddeutschland: Fichte, Kiefer, Lärche, Tanne; in Mitteldeutschland: Fichte, Tanne, Kiefer mit der Lärche; in Norddeutschland: Lärche mit der Kiefer, Fichte, Tanne.

3. Auch die klimatische Lage verschiebt das Verhältniss. Es folgen aufeinander in der Tiefebene: Kiefer, Fichte, Lärche, Tanne; im Hügellande: Fichte, Kiefer mit der Lärche, Tanne; in der Hochebene: Fichte, Lärche, Kiefer, Tanne; im Mittelgebirge: Fichte, Tanne, Kiefer, Lärche; in Hochgebirgen: Fichte, Lärche, Tanne. Die relative Werthschätzung der Kiefer ist in der Tiefebene, diejenige der Tanne im Mittelgebirge am höchsten.

4. Auch die Verschiedenheit der Bodenzusammensetzung ändert die durchschnittliche Rangordnung. Dieselbe ist auf reinem Sande: Kiefer, Fichte, Tanne mit der Lärche; auf lehmigem Sande: Fichte, Kiefer, Lärche, Tanne; auf sandigem Lehm: Fichte, Tanne mit der Kiefer und Lärche; auf Lehm: Fichte, Kiefer mit der Tanne, Lärche; auf schweren Böden: Lärche, Fichte, Tanne, Kiefer. Je leichter der Boden, desto mehr steigt die Kiefer im Werth, während die Lärche auf schweren, die Tanne auf mittleren Böden das beste Holz zu entwickeln scheint.

5. Auch die Gebirgsformation scheint die Qualität und damit das gegenseitige Preisverhältniss der vier Nadelholzarten zu beeinflussen. Als Reihenfolge ergiebt sich auf Urgebirge und Eruptivsteinen: Fichte, Tanne, Lärche, Kiefer; auf Thonschiefer, Grauwacke und Rothliegendem: Fichte, Kiefer mit der Lärche, Tanne; auf buntem und Quadersandstein: Fichte, Kiefer, Lärche, Tanne; auf Keuper: Fichte, Kiefer, Tanne, Lärche; auf Muschelkalk, Jura und Molasse: Fichte, Kiefer mit der Tanne und Lärche; auf Diluvium und Alluvium: Lärche mit der Kiefer, Fichte, Tanne.

6. Dieses gegenseitige Werthsverhältniss ist in den verschiedenen Re-

vieren ein sehr verschiedenes. Es wird wesentlich beeinflusst durch die in dem betreffenden Reviere eingehaltene Umtriebszeit. Es folgen bei einem Umtriebe von 120 Jahren: Fichte mit der Kiefer, Lärche, Tanne; bei einem Umtriebe von 86—110 Jahren: Fichte, Tanne mit Kiefer, Lärche; bei einem Umtriebe von 85 Jahren und weniger: Fichte, Lärche, Tanne mit der Kiefer. Niederer Umtrieb drückt die Kiefer und Tanne im Preise herunter, während die Lärche bei den mittleren Umtriebszeiten im Werthe am niedrigsten und die Tanne am höchsten steht.

7. Eine Beeinflussung des gegenseitigen Verhältnisses durch die Art der Bestandesgründung und der Waldbehandlung ist nach dem vorliegenden Material nicht nachweisbar. Doch bevorzugt man im Allgemeinen nur bei der Kiefer ausschliesslich das Holz aus gleichaltrigen Beständen, während bei der Fichte und Tanne an manchen Orten das Holz aus Femelbeständen und natürlichen Verjüngungen höher geschätzt wird. Bei der Fichte und Tanne zieht man häufig das Holz aus schwach oder gar nicht, bei der Kiefer aus normal durchforsteten Beständen vor. Die Fichte aus reinen, die Kiefer und Tanne aus Mischbeständen ist mehr gesucht als die unter anderen Verhältnissen erwachsenen Hölzer.

8. Sommerfällung verschiebt das Werthsverhältniss zu Ungunsten der Kiefer und zu Gunsten der Fichte und Tanne.

9. Die durchschnittliche Reihenfolge der Holzarten entspricht im allgemeinen unseren theoretischen Kenntnissen von dem relativen Werth der verschiedenen Holzarten. Die grosse Zahl der Ausnahmen von der durch Durchschnittszahlen gewonnenen Regel, insbesondere der Umstand, dass unter sonst scheinbar ganz gleichen Verhältnissen eine in dem einen Reviere allen übrigen vorgezogene Holzart in dem anderen am geringsten geachtet wird, zeigt am besten, dass hier noch besondere Ursachen wirksam sein müssen, welche, sei es die Qualität des Holzes, sei es die Werthschätzung der einzelnen Holzarten in den Augen der Bevölkerung modificiren.

10. Diese Ursachen zu ermitteln, wird Aufgabe der forstlichen Versuchsstationen sein, welche insbesondere das specifische Gewicht, die Trag- und Brennkraft der unter verschiedenen Verhältnissen erwachsenen Hölzer derselben Art zu ermitteln haben werden. Die Verhältnisse, deren Einfluss auf die Güte des Holzes der vier Nadelholzarten zu ermitteln sein wird, sind folgende: Die durchschnittliche Jahrestemperatur und Sommerwärme, die mittlere relative Feuchtigkeit, die Höhenlage und Exposition, der Feuchtigkeitsgehalt des Bodens, die chemische Zusammensetzung des Bodens, die Art der Bestandesmischung, Bestandesgründung und Bestandespflege, das Bestandesalter.“ —

Es will mir scheinen, als hätte der Herr Referent an Stelle seiner 10 Thesen nur die eine These: „Ueber die aufgeworfene Frage ist nichts Bestimmtes bekannt" setzen sollen. Befriedigender erscheint mir die Mittheilung des Korreferenten, Herrn Laris, Redacteur des „Handelsblattes für Walderzeugnisse" zu Giessen.

Nachdem derselbe auf die Schwierigkeiten hingewiesen, welche einer statistischen Ermittelung der Holzpreise entgegenstehen, sucht derselbe die thatsächlich bestehenden Preisverschiedenheiten der Nadelhölzer in verschiedenen Gegenden Deutschlands abzuleiten erstens aus Vorurtheilen. Während z. B. auf süddeutschen und rheinischen Märkten Fichte und Tanne als Sägewaare und als Brennholz gleich hoch geschätzt werden, unterscheidet man in Norddeutschland genau zwischen Fichte und Tanne zu Ungunsten der letzteren, obgleich diese in der That in mancher Beziehung, z. B. durch ihr geringeres Schwinden, manche Vorzüge vor der Fichte besitze.

Zweitens begründe sich der Preisunterschied aus dem Mehr- oder Minder-Angebot der einen oder anderen Holzart. Drittens sei der Preisunterschied auch auf die Gewohnheit der Industrie hinsichtlich der Verarbeitung der einen oder anderen Holzart zurückzuführen. Endlich und in der Hauptsache aber sei die Preisverschiedenheit bei den Nadelhölzern auf die äusserst verschiedenartige Qualität derselben zurückzuführen. Früher habe man wenig nach dem Jahrringbau gefragt, weil das auf den Markt gelangende Material vorzugsweise engringiges aus Saatbeständen und dem früheren Femelschlagbetrieb hervorgegangenes Holz war. Heute sei das anders geworden, weil alljährlich eine bedeutende Quantität aus Pflanzbeständen hervorgegangenes Nadelholz auf den Markt gelange, welches bei der Sortirung der Schnittwaare kaum 20 pCt. astreine Waare ergiebt. Zudem sind diese Hölzer schnell, auf für Nadelholz zu günstigen Böden erwachsen und deshalb weitringig und porös. Die aus dem bayrischen Walde stammenden Fichten liefern ein Schnittmaterial, welches überall in Süddeutschland sowohl als auf den rheinischen Märkten bevorzugt wird. Es ist dies ein besonders engringiges, oder wie die Holzhändler sich ausdrücken, feindrähtiges oder feinjähriges, im Gebirge erwachsenes und aus Saat hervorgegangenes Holz, ein Beweis dafür, wie gesucht engringiges Holz ist. Solche Hölzer werden stets ihren Preis behaupten, denn sie sind ein viel begehrter Artikel, der nicht in dem Maasse zum Angebot aus unseren einheimischen Waldungen kommt, als der Markt verlangt; dagegen liegt die Befürchtung nahe, dass die Mittel- und geringere Qualität an Nadelhölzern, welche alljährlich im gesteigerten Maasse an den Markt kommt, die Preise noch weiter herabdrücken wird, denn die Läger an den Sägemühlen vergrössern sich in geringeren Qualitäten von Jahr zu Jahr, während an besseren Qualitäten stets Mangel herrscht. —

Wir werden aus den Resultaten der vorliegenden Untersuchungen sehen, wie berechtigt in vielen Punkten die vorstehenden Anschauungen des Herrn Korreferenten sind.

In der Versammlung wurde wiederholt hervorgehoben, wie dringend nothwendig gründlichere Untersuchungen seien, die sich insbesondere auf die mechanischen Eigenschaften der Hölzer beziehen, Untersuchungen, die allerdings weniger Aufgabe der forstlichen Versuchsstationen, als der wissenschaftlichen Einzelforschung sind, da es sich hier um so complicirte Verhältnisse handelt, dass deren Klärung nur von einem Einzelforscher zu erwarten ist.

Aufgabe der forststatistischen Erhebung ist die Feststellung der Preisunterschiede, welche bedingt werden durch äussere Formen und Dimensionen, in denen das Holz auf den Markt gelangt. Der Preis der verschiedenen Holzsortimente hängt aber in hohem Grade von dem Bedarf und dem Angebot des einen und anderen Sortiments ab. Der hierdurch bedingte Marktpreis ist nach Ort und Zeit ein beständig schwankender und ist das wohl der Grund, weshalb in der Wissenschaft bisher so wenig geschehen ist, um einen klaren Einblick in diese Preisverhältnisse zu erlangen. Die meines Wissens noch einzig dastehenden streng wissenschaftlich durchgeführten Ermittelungen sind die, welche ich in meiner „Rentabilität der Fichtennutzholz- und Buchenbrennholz-Wirthschaft" im Jahre 1868 veröffentlicht habe. Für zwei verschiedene Fichtenertragstafeln habe ich die Berechnungen durchgeführt, denen ich den Marktpreis aus den Jahren 1861 bis 1866 für die verschiedenen Holzsortimente zu Grunde legte. Daraus ergab sich der mittlere Werth eines Festmeter Holzmasse bei verschiedenen Umtriebszeiten.

Nachdem ich die Massenertragstafeln für Fichte auf zwei verschiedenen Standortsklassen aufgestellt hatte, berechnete ich aus den Wirthschaftsbüchern und insbesondere den speciellen Nachweisungen der geernteten Holzmassen in den Materialertragslisten der Reviere des bestimmten Absatzgebietes die Ausnutzungs- und Sortimentsverhältnisse bei Abtriebshauungen verschieden alter Bestände, sowie bei Durchforstungen. Ich stellte Sortimententafeln für die erste und für die zweite Standortsklasse auf, die für die Annahme gelten, dass im Grossen der 120jährige Umtrieb vorherrscht, jüngere Bestände nur ausnahmsweise abgetrieben werden. Es ist einleuchtend, dass bei erheblich jüngeren Umtriebszeiten die Sortimententafeln deshalb ganz anders sich gestalten müssten, weil ein grosser Theil der schwächeren Bäume, die zur Zeit als Baumstangen, Sparren etc. absetzbar sind, dann vielleicht wegen mangelnden Absatzes für so viel schwache Hölzer ins Brennholz geschlagen werden müssten. Doch gelten diese Erwägungen vielmehr für die Beurtheilung der Bedeutung der von mir berechneten Holzpreise. Ich habe dieselben aus den Resultaten sämmtlicher in den Jahren 1861—66 in den betreffenden Revieren abgehaltenen Holzversteigerungen zusammengestellt. Es stellt sich darnach für den Forst-Inspectionsbezirk Hasselfelde am Harze in den Jahren 1861—66 der Nettopreis (Verkaufspreis nach Abzug der Holzhauerlöhne) pro Festmeter Fichtenholz wie folgt:

Sortiment	Cubikinhalt pro Stück fm	Nettopreis pro Festmeter Mark
Nutzholz in Klaftern		28,4
Balken und Sparren	1 —1,4	23,9
„ „ „	0,6 —1	21,3
„ „ „	0,25 —0,6	16,8
„ „ „	0,12 —0,25	12,9
„ „ „	0,06 —0,12	8,1
Lattenknüppel	0,034—0,06	7,1
„	0,025—0,034	7,4
Baumstangen	0,015—0,025	9,0
„	0,006—0,015	6,5
Bohnenstiefel	0,003—0,006	4,5
Scheitholz, gesundes		4,5
„ Anbruchholz		1,9
Reidelholz		3,2
Knüppelholz aus Durchforstung		1,3
„ von Auspländerungen		0,6
Reisig		0,3
Stockholz (Stuken)		1,3

Unter Zugrundelegung der vorstehenden Holzpreise und der Sortiments-verhältnisse berechnet sich der Werth eines Festmeter Holzmasse bei

20 jährigem Alter auf			0,65	Mark
30 „	„	„	3,87	„
40 „	„	„	7,43	„
50 „	„	„	11,30	„
60 „	„	„	13,24	„
70 „	„	„	14,53	„
80 „	„	„	15,50	„
90 „	„	„	16,47	„
100 „	„	„	17,12	„
110 „	„	„	17,44	„

Die Holzpreise richten sich in erster Linie nach der Form, in welcher das Holz auf den Markt gebracht wird und nach dem Angebot und der Nachfrage nach diesem oder jenem Sortimente. Sobald man in grösseren Waldbezirken zu einer wesentlich kürzeren Umtriebszeit übergehen wollte, müsste das zunächst, d. h. in der Uebergangsperiode den Preis der stärkeren Sortimente, später dagegen den Preis der schwachen Sortimente drücken, während die starken Sortimente bedeutend im Preise steigen. Die Ermittelung der Preisverhältnisse, welche durch das Mehr- und Minderangebot der verschiedenen Sortimente einer Holzart und der verschiedenen Nadelholzarten unter sich bedingt werden, wäre die Aufgabe forststatistischer Ermittelungen in dem Sinne, wie ich sie in meiner „Rentabilität" durchgeführt habe. Wie der Herr Korreferent in der Frankfurter Forstversammlung aber sehr richtig bemerkte, wird heute viel mehr wie früher auch auf die verschiedene Holzqualität bei gleichen Dimensionen Rücksicht genommen und das fein-jährige Holz ist allein das, welches immer mehr im Werthe steigt, während das grobringige Material als unverkäufliche Waare die Holzläger füllt.

Die Untersuchung der Qualität des Holzes in verschiedenen Baumtheilen, d. h. des Innern oder sogenannten Kerns in Vergleich zum äusseren Splint, des Holzes in verschiedenen Baumhöhen, des Einflusses des Baumalters, der Standortsgüte, des Klimas, der Erziehungs- und Bewirthschaftungsweise auf die innere Qualität ist eine ebenso schwierige als dankbare Aufgabe für den wissenschaftlichen Forscher, und der Lösung dieser Aufgabe hatte ich schon vor mehreren Jahren meine Thätigkeit zugelenkt.

Bevor ich zur Darstellung meiner Untersuchungsergebnisse übergehe, lasse ich eine kurze Darstellung dessen, was die wissenschaftliche Litteratur uns bisher zur Beantwortung dieser Fragen darbietet, vorangehen.

Die Holzsubstanz, die sich alljährlich als ein neuer Mantel über den vorhandenen Holzkörper der Nadelholzbäume ablagert, ist in Bezug auf die Zusammensetzung aus Elementarorganen sowohl in anatomischer als chemi-scher Beziehung durch eine Reihe der hervorragendsten Forscher uns be-kannt geworden.

Ich gebe umstehend einige Figuren, welche die Zusammensetzung des Fichtenholzes aus Elementen illustriren. Wir wissen, dass die Hauptmasse des Holzkörpers aus Tracheiden besteht, welche in horizontaler Richtung von zahlreichen Markstrahlen durchsetzt resp. von einander getrennt werden. Die Markstrahlen bestehen in der Mitte aus parenchymatischen Zellen, in deren Inneren ausser Protoplasma Stärkekörner und zahlreiche Harztropfen sich finden, während die oberen und unteren Reihen aus liegenden Trachei-den bestehen, welche nur Wasser und Luft führen und gehöfte Tipfel an allen Wandflächen zeigen.

Fig. 1

Fig 2

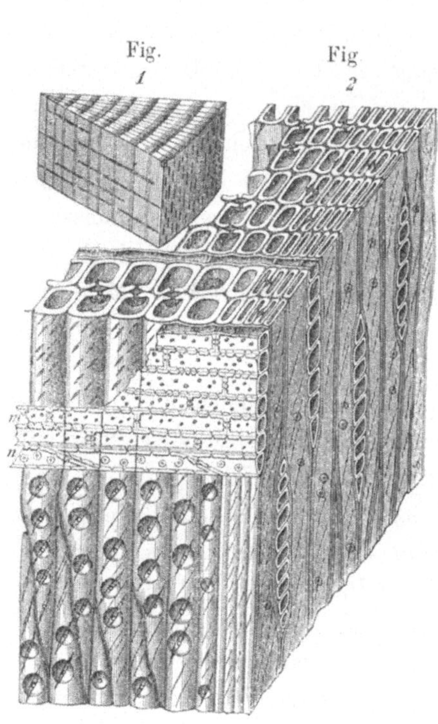

Fig. 3

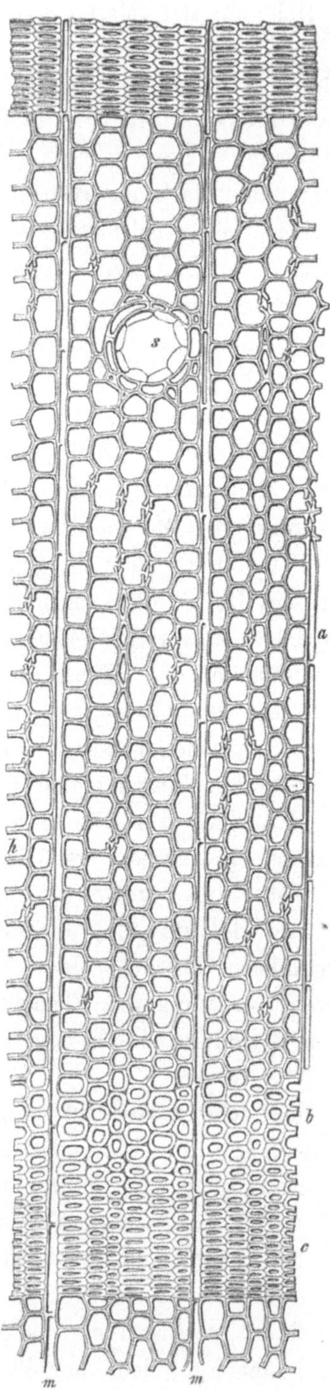

Fig. 4.

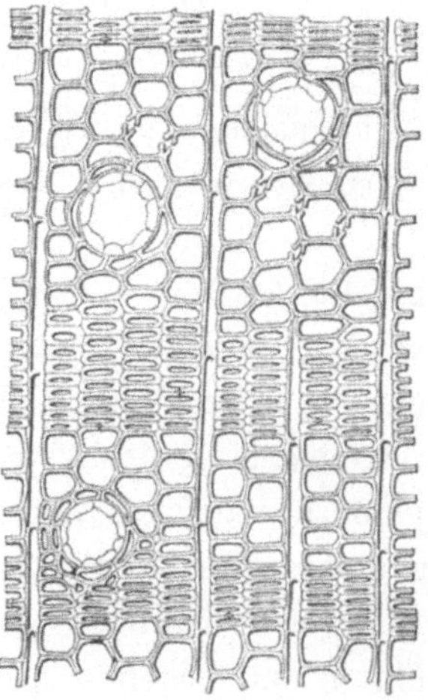

Fig. 1. Ein Stück Fichtenholz in natürlicher Grösse. An der Ecke desselben ist ein kleines Stück umgrenzt, welches in Fig. 2 in 100 facher Vergrösserung dargestellt ist.

Fig. 2. Ein Stück Fichtenholz, 100 fach vergrössert.

Die horizontal verlaufenden Markstrahlen oder Spiegelfasern stellen in der Tangentialfläche (die rechts gelegene schräg dargestellte Fläche) schmale, eine Zelle breite spindelförmige Ausfüllungen zwischen den benachbarten Holzfasern (Tracheiden) dar. In der Radialfläche (vordere Seite der Figur) erkennt man, dass die unterste Reihe (*n*) aus Tracheiden mit schrägen End-flächen und gehöften Tipfeln, die übrigen Reihen (*m*) aus liegendem, mauer-förmigem Parenchym mit einfachen Tipfeln bestehen. Wo dieses links oben durch den Schnitt entfernt ist, erkennt man die kleinen, in den angrenzenden Tracheiden befindlichen zu den Tipfeln der Markstrahlzellen correspondirenden Tipfel. Die in der Längsrichtung des Stammes verlaufenden Organe (Tra-cheiden) sind in dem rechts gelegenen, den Abschluss des Jahrringes bil-denden Theile von anderer Gestalt (Breitfasern) als in dem links daran grenzenden Theile (Rundfasern). Auf den Radialwänden stehen die gehöften Tipfel, welche die Strömung des Wassers von einem Organ zum anderen durch die zarte Schliesshaut in denselben vermitteln. Die letzten Tracheiden des Jahrringes zeigen zahlreiche kleine Tipfel auf den Tangentialwänden.

Fig. 3. Querschnitt durch breitringiges Fichtenholz in 100 facher Ver-grösserung.

Das durch weite Lumina und Dünnwandigkeit der Organe ausgezeichnete Frühlingsholz *a* ist sehr stark entwickelt. Es folgt darauf eine durch Dick-wandigkeit ausgezeichnete Schicht *b*, in welcher die Form der Organe noch dieselbe ist, wie in *a*, während die dritte Region *c* sich auch durch den in der Richtung des Radius sehr verkürzten Durchmesser der Tracheiden aus-zeichnet. Die Regionen *b* und *c* repräsentiren den festen Bestandtheil des Jahrringes, das Sommerholz.

Bei *s* ist der Durchschnitt eines Harzkanals dargestellt.

Fig. 4. Querschnitt durch engringiges Fichtenholz, in welchem die Zone *b* ganz fehlt.

Die Tracheiden, welche die Hauptmasse des Jahrringes bilden, sind in Bezug auf Wandungsdicke, Gestalt und Grösse des Querschnittes sehr ver-schieden. Die im Frühjahre gebildeten Tracheiden sind meist sehr dünn-wandig und zeigen nur an den Radialwänden grosse Hoftipfel, ihr Quer-schnitt ist meist viereckig mit grösserem Durchmesser im Radius als in der Tangente. Sie werden auch wohl Rundfasern genannt. Gegen die äussere Jahrringsgrenze hin verdicken sich die Wandungen immer mehr, die Tipfel an den radialen Wänden werden kleiner und zuletzt treten auch kleinere,

zahlreiche Tipfel auf den Tangentialwänden auf, wie in den Figuren zu sehen
ist. Meist gleichzeitig mit der Wandverdickung zeigt sich auch eine Verkürzung des radialen Durchmessers bei unverändertem tangentialen Durchmesser, so dass der Querschnitt der Tracheiden eine in der Breite entwickelte
Gestalt annimmt, weshalb diese Organe auch Breitfasern genannt werden.
Für den vielgebrauchten Ausdruck Herbstholz möchte ich ein für alle Mal
Sommerholz sagen, da ja thatsächlich diese Holzschicht im Sommer und
nicht im Herbst gebildet wird.

Die mit der Verkürzung des radialen Durchmessers und der gleichzeitig
eintretenden Wandverdickung verknüpfte Veränderung im Verhältniss des
Lumens zur Wandsubstanz bedingt die grössere Güte des Sommerholzes und
hängt die Qualität des Holzes wesentlich davon ab, in welchem Verhältnisse
zu einander die dünn- und dickwandigen Organe im Jahresringe stehen.
Die beiden Figuren 3 und 4 zeigen, dass in dem einen Falle, nämlich bei
dem breitringigen Holze die dünnwandigen Organe prävaliren, wogegen bei
dem schmalringigen Holze die feste Region überwiegt. Ich komme auf diese
Verhältnisse in der Folge zurück.

Ich mache endlich noch darauf aufmerksam, dass nach den Untersuchungen von Sanio an Pinus silvestris die Länge der Tracheiden, die sog.
Faserlänge, keineswegs dieselbe im ganzen Baume, dass vielmehr die Grösse
derselben in jungen Bäumen viel geringer ist, als in den äusseren Jahresringen älterer Bäume, dass sie ferner am unteren Baumtheile geringer ist als
im oberen Schaft alter Bäume und dass sie innerhalb der Krone nach dem
Gipfel wieder sich verringert.

Ich gebe beispielsweise nach Sanio die Länge der Sommerholztracheiden
einer 110 jährigen Kiefer an einer Scheibe bei 11,3 m über dem Boden.
Sie beträgt in Millimetern im

1. Ringe (an die Markröhre grenzend) 0,95 mm
im 17. Ringe 2,74 mm
„ 19. „ 3,13 „
„ 31. „ 3,69 „
„ 37. „ 3,87 „
„ 38. „ 3,91 „
„ 39. „ 4,00 „
„ 40. „ 4,04 „
„ 43. „ 4,09 „
„ 45. „ 4,21 „
„ 46. „ 4,21 „
„ 72. „ 4,21 „

Es geht daraus hervor, dass von der Markröhre aus etwa bis zum 30. Ringe eine schnelle Längenzunahme, von da an bis zum 45. Ringe nur noch eine sehr langsame Steigerung stattfindet und nach dem 45. Jahre die Tracheidenlänge sich constant gleichbleibt.

Dicht über dem Boden erreichen die Tracheiden weitaus nicht die Länge, wie in der Mitte des Schaftes, wie aus nachfolgender Zusammenstellung zu ersehen ist.

Der 20. Ring von der Markröhre aus hat 1,87 mm Tracheidenlänge.

Der 29. Ring hat 2,48 mm
„ 30. „ „ 2,60 „
„ 31. „ „ 2,65 „
„ 46. „ „ 2,65 „
„ 105. „ „ 2,65 „

Mithin steigt die Tracheidenlänge hier bis zum 31. Jahre und bleibt dann constant gleich lang. In der Baumkrone beträgt die constante Maximallänge etwa 2,82 mm. Ich bezweifle übrigens, ob die Faserlänge in einer solchen Beziehung zu den technischen Eigenschaften des Holzes, z. B. zu der Beugungsfestigkeit steht, dass etwa aus Messungen der Tracheidenlänge Schlüsse auf diese Eigenschaften gezogen werden könnten, wie mir gegenüber einmal vermuthungsweise ausgesprochen worden ist.

Es sei endlich noch erwähnt, dass die Menge, der Bau und die Grösse der Harzkanäle nicht ohne Einfluss auf die Qualität des Holzes sind und dass Dr. H. Mayr die schwierige und unendlich mühevolle Arbeit übernommen hat, im Anschlusse an seine bereits im botanischen Centralblatt 1884 veröffentlichten vortrefflichen Untersuchungen über Entstehung und Bau der Harzkanäle die Menge und Vertheilung des Harzes in unseren Nadelwaldbäumen zu ermitteln, eine Arbeit, die im Laufe dieses Jahres zum Abschluss gelangen dürfte.

Da das specifische Gewicht der verholzten Wandung bei allen von mir untersuchten Holzarten immer gleich 1,56 und nur stark verharztes Kiefernholz etwas leichter ist, so unterliegt es keinem Zweifel, dass das Trockengewicht des Nadelholzes und damit zugleich eine Reihe der wichtigsten technischen Eigenschaften, als Brennkraft, Beugungsfestigkeit, Elasticität, Schallleitung in weitaus überwiegendem Maasse von dem Verhältnisse der Wandungssubstanz zum Lumen der Organe, das beim Nadelholz fast nur mit Luft erfüllt ist, abhängt, dass also das Verhältniss zwischen dünnwandigem Frühlingsholze und dickwandigem Sommerholze im Jahresringe die Güte des Nadelholzes bedingt. Bei Laubholzbäumen kann der Gehalt des Holzes an Reservemehlen zur Zeit der Vegetationsruhe das Gewicht merklich erhöhen. Bei einigen Nadelholzbäumen, z. B. der Lärche, in geringerem Grade auch

bei der Kiefer tritt eine nachträgliche Veränderung des Holzes durch Verkernung
ein. Hohe Oxydationsstufen unlöslich gewordener, braun gefärbter Gerbstoffe
lagern sich in der Substanz der Holzwandung selbst sowie auf den Wan-
dungsoberflächen ab und erhöhen nicht nur das Trockengewicht, sondern vor
allem auch die Dauer, Festigkeit u. s. w. in bemerkenswerther Weise. [1]

Zunächst waren es die praktisch wichtigen Fragen der Technologie,
welche Veranlassung gaben zur Untersuchung der Verschiedenheiten, welche
das Holz verschiedener Nadelholzarten, verschiedener Baumhöhen, Altersklassen u. s. w. zeigen, und ist es Duhamel du Monceau (Traité de la
conservation et de la force des bois, 1780), der auch nach dieser Beziehung
die ersten brauchbaren Arbeiten lieferte. Derselbe fand, dass

1. das Holz, das man vom Fusse des Baumes nimmt, schwerer ist, als
   jenes vom Gipfel;

2. die Jahrringe von Mastbäumen ausgezeichneter Beschaffenheit, die in
   einem sehr kalten Lande erwachsen sind, näher an einander und
   kleiner sind;

3. das Holz von innen nach aussen nach und nach an Dichte gewinnt
   und wenn es die höchste Ziffer erreicht hat, wieder nach und nach
   an Dichte verliert;

4. in sehr starken Fichten (Pin du Nord von beiläufig 260 Jahren)
   das festeste Holz dasjenige ist, welches sich im fünften Ringe, vom
   Centrum aus, befindet, wenn man die Querschnittsfläche, incl. Splint
   in sechs gleich breite Ringe theilt.

Von grossem Werthe sind sodann die Untersuchungen über die mechanischen Eigenschaften des Holzes von Chevandier und Wertheim 1850,
aus denen ich ebenfalls die für die vorliegende Arbeit interessanten Resultate
kurz folgen lasse.

1. Die mechanischen Eigenschaften nehmen in constanter Weise und
   manchmal in sehr starker Proportion vom Mittelpunkte gegen den
   Umfang hin zu.

2. Für jeden Jahrring an und für sich nehmen die mechanischen
   Eigenschaften mit der Höhe im Baume ab.

3. Man nimmt keinerlei regelmässige Beziehung zwischen der Dichte
   der Bäume, der Breite ihrer Jahrringe, der Exposition und der
   Bodenbeschaffenheit wahr.

4. Die Jahrringbreite kann als die erste Ursache weder der Differenzen,

---

1) Ueber den Verholzungs- und Verkernungsprocess habe ich ausführlicher gesprochen
in der Allgemeinen Forst- und Jagdzeitung, April-Heft 1884, und in den „Untersuchungen
aus dem forstbotanischen Institut" II, S. 46.

die in einem und demselben Baume, noch jener, die zwischen mehreren Individuen vorkommen, angesehen werden.

Es ist allerdings wahr, dass die graduelle Abnahme der Jahrringe bei der Tanne sich gleichmässig zur Vermehrung des Werthes der Eigenschaften, vom Mittelpunkte gegen den Umfang hin verhält, aber in jenen Fällen, wo das Gegentheil stattfindet, bleibt diese Vermehrung nicht minder merklich.

5. In ein und demselben Baume gehen die verschiedenen mechanischen Eigenschaften fast immer parallel. So ist der dichteste Jahrring gewöhnlich derjenige, welcher auch die höchste Fortpflanzungsfähigkeit des Schalles, den bedeutendsten Elasticitätscoëfficienten und die höchste Festigkeit besitzt; aber dieses schon in ein und demselben Baume zu wenig constante Verhältniss, auf dass es durch eine Formel ausgedrückt werden könnte, findet sich nur selten vor, wenn man unter einander verschiedene Bäume derselben Gattung vergleicht, und es verschwindet gänzlich bei Bäumen verschiedener Art."

Auf diese so werthvollen Sätze werde ich in der Folge wiederholt hinzuweisen haben.

In Nördlinger's „Technischen Eigenschaften der Hölzer, 1860" finde ich nichts, was zur weiteren Klärung dieser Frage beigetragen hätte. Es wird dort gesagt, dass bei den Nadelhölzern Schmalheit der Jahresringe für gute Qualität spreche, denn jeder Jahresring bestehe aus einem Ringe weichen Frühlings- und einem Streifen harten, harzreichen (?) Herbstholzes, und beim Breiterwerden der Ringe bleibe der letztere ziemlich gleich, wogegen der weiche Ringtheil sich verbreitere. Die sehr zutreffenden unter 3 und 4 aufgeführten Beobachtungen Chevandier's und Werthheim's werden nicht weiter berücksichtigt, und die wenigen von Nördlinger selbst ausgeführten Untersuchungen sind nicht geeignet, irgend grössere Klarheit in die so verwickelten Verhältnisse zu bringen.

Im Jahre 1873 machte Sanio[1]) darauf aufmerksam, dass an einer von ihm untersuchten Kiefer die Qualität, d. h. das Verhältniss zwischen fester Sommerholz- und lockerer Frühlingsholzschicht an denselben Jahresringen von unten nach oben sich verschlechtere, auch unabhängig von der Ringbreite.

Er bestätigte damit die bereits von Chevandier und Wertheim aufgefundene Thatsache, „dass für jeden Jahrring an und für sich die mechanischen Eigenschaften mit der Höhe des Baumes abnehmen."

Im Jahre 1874 veröffentlichte ich Untersuchungen über „das specifische

---

1) Pringsheim's Jahrbücher der wissenschaftlichen Botanik, Band IX, Heft 1.

Frisch- und Trockengewicht des Kiefernholzes", [1]) worin ich zu folgendem Resultate gelangte:

1. Bei älteren dominirenden Kiefern, bei denen die Ringbreite in der Regel nach oben abnimmt, verschlechtert sich die Qualität ein und desselben Jahrringes nach oben bis unter den Kronenansatz. Innerhalb der Krone nimmt sie nach oben wieder etwas zu.

2. Eine Zunahme der Ringbreite nach oben hat bei Bäumen über 90 jährigem Alter Verbesserung, eine Verminderung der Ringbreite Verschlechterung der Qualität des Splintholzes zur Folge.

   Diese Beobachtung steht also im directen Gegensatze zu der herrschenden Anschauung, nach welcher mit dem Engerwerden der Ringe das Holz sich verbessere.

3. Bei unterdrückten Bäumen verschlechtert sich das Holz von der Zeit der stärkeren Unterdrückung an in so auffallendem Maasse, dass endlich gar kein Sommerholz und nur noch lockeres Frühjahrsholz gebildet wird. Bei sehr starker Unterdrückung hört im unteren Stammtheile überhaupt die Ernährung des Cambiums und jede Holzbildung auf.

4. Von der Markröhre aus gemessen verbessert sich die Qualität des Holzes nach aussen etwa bis zum 60. Jahresringe mit abnehmender Ringbreite; von da an verbessert sich die Qualität nach aussen nur bei zunehmenden Ringbreiten.

5. Bei dominirenden 140 jährigen Kiefern wird das festeste Holz in allen Baumhöhen vom 90—100. Lebensjahre gebildet, während im 130—140. Jahre sehr schlechtes Holz entsteht. Bei geringeren Stammklassen fällt die Zeit der besten Holzerzeugung weit früher, z. B. ins 60—90. Jahr bei mittleren Stammklassen.

Diese Sätze, die schon geeignet waren, die herrschenden Anschauungen über den Einfluss der Ringbreite auf die Holzgüte umzustossen, habe ich damals einfach als Thatsachen hingestellt und dazu die Bemerkung gemacht: „Die physiologische Erklärung der vorstehenden Verschiedenheiten im Baue des Jahrringes wird erst dann möglich sein, wenn wir wissen, von welchen Verhältnissen die Bildung des Frühlings- und des Sommerholzes abhängt." Ausgedehntere Untersuchungen an der Kiefer und an anderen Nadelholzarten haben nunmehr genügendes Material zur Beurtheilung der so verwickelten Fragen dargeboten. Sämmtliche scheinbar unlöslichen Widersprüche haben sich in einfachster und physiologisch sehr wohl begründeter Weise erklären lassen, und wenn auch der weiteren Forschung noch ein schönes Feld sich eröffnet,

---

1) Zeitschrift für das Forst- und Jagdwesen, Band VI, Heft 2, und als Separat-Abdruck bei J. Springer erschienen.

so glaube ich doch in der Hauptsache die Frage gelöst zu haben. Allerdings war die Arbeit, der ich mich in den letzten Jahren unterzog, um den Schleier zu lüften, der über diesen Verhältnissen ausgebreitet lag, keine geringe. Etwa 100 Stämme unserer vier wichtigsten Nadelholzarten habe ich fällen lassen und daraus etwa 1500 Versuchsstücke entnommen, die meist sofort im Walde gewogen, dann bald darauf im Laboratorium gemessen, absolut trocken gemacht und wiederum gewogen und gemessen wurden. Die sorgfältigen Messungen der Jahrringsbreiten hinzugerechnet, ergiebt das etwa 7500 Wägungen und Messungen, während die Zahl der Berechnungen, die ich fast ausschliesslich selbst durchgeführt habe, etwa 30,000 beträgt.

Einen Theil dieser Untersuchungen habe ich bereits im II. und III. Bande meiner Untersuchungen aus dem forstbotanischen Institute zu München 1882, 1883 veröffentlicht, jedoch noch nicht ausführlicher verarbeitet, da es mir in jenen Abhandlungen vorzugsweise darauf ankam, die Vertheilung des Wassers und Luftraumes im Innern der Bäume zu studiren. Bekanntlich haben diese Arbeiten dahin geführt, die Unhaltbarkeit der bis dahin herrschenden Anschauung über die Ursachen der Wasserströmung in den Bäumen darzuthun. Ich hatte mir, mich stützend auf die zuerst von Th. Hartig aufgestellten Vermuthungen über die Mitwirkung des Luftdruckes im Innern der Bäume, und auf die weiteren Ideen und Arbeiten von J. Böhm und Höhnel eine Anschauung über die Ursachen der Wasserströmung gebildet, die ich in genannten Schriften und in einer kleinen Abhandlung[1] veröffentlicht habe und die ich auf ihre Stichhaltigkeit weiteren Prüfungen unterziehen wollte.

Zu dem Zwecke vereinigte ich mit den vorliegenden Untersuchungen über die Dichtigkeit des Holzes Ermittelungen des Wassergehaltes der Bäume nach längere Zeit vorangegangener völliger Ausästung oder Durchschneidung des leitenden Splinttheiles. Die Resultate dieser Untersuchungen nöthigen zu einer Modification meiner früher ausgesprochenen Anschauungen. Diese sind übrigens inzwischen auch von berufener Seite[2] angegriffen worden und erkenne ich die Berechtigung der erhobenen Einwendungen um so lieber an, als die von Godlewsky aufgestellte Theorie der Wasserströmung die Bedeutung der Gasdruckdifferenzen für die Wasserhebung anerkennt, aber eine Mitwirkung osmotischer Kräfte im ganzen Stamm annimmt, während ich diese nur in der Wurzel voraussetzte. Ich stehe den Godlewsky'schen Anschauungen durchaus sympathisch gegenüber, wie ich an einem anderen Orte näher darthun werde.

---

1) Die Gasdrucktheorie und die Sachs'sche Imbibitionstheorie. Berlin 1883.
2) Godlewsky, Zur Theorie der Wasserbewegung in den Pflanzen. Berlin 1884.

Kapitel I.

Das Untersuchungsmaterial.

Den Grundstock der Untersuchungen bilden die in der Nähe von München und zwar in den Revieren Kranzberg bei Freising und Forst Kasten bei München (ca. 500 m über der Nordsee) gefällten Bäume. Im Forst Kasten sind die Untersuchungen schon in dem Jahre 1881 von mir ausgeführt und die Resultate finden sich in den Tabellen des II. Theiles der Untersuchungen aus dem forstbotanischen Institute zu München.

In diesem von Jugend auf licht erwachsenen Bestande konnten 70 bis 75 jährige Kiefern und 65—80 jährige Fichten gefällt werden. Unmittelbar an jenen Bestand angrenzend fanden sich auch ca. 25 jährige Kiefern und Fichten, die allerdings im dicht geschlossenen Bestande erwachsen waren.

Unter denselben Standortsverhältnissen bot sich im Revier Kranzberg die Gelegenheit zur Untersuchung 70 jähriger Lärchen, 80—100 jähriger Kiefern, 115—130 jähriger Fichten und 90—110 jähriger Weisstannen. Besonders werthvoll war es, dass in dem Revier Kranzberg die Fichten und Tannen offenbar aus natürlicher Verjüngung entstanden und in sehr engem Schlusse erwachsen waren, wodurch es ermöglicht wurde, den Einfluss verschiedener Erziehungsart bei gleicher Bodengüte und gleichem Klima festzustellen.

Die am Schlusse dieser Schrift beigefügten Tabellen enthalten die Untersuchungsresultate der Fällungen aus dem Reviere Kranzberg.

Die vorgenannten Untersuchungsmaterialien dienten nun in erster Linie dazu, zu ermitteln, welchen Einfluss auf die Qualität des Holzes die verschiedene Baumhöhe, die Umwandlung des Splintes in Kernholz, die Erziehung im lichten und im geschlossenen Bestande, die verschiedene Ringbreite bei gleichem Alter und Standort etc. ausüben. Sie dienten ferner zur Feststellung des Wassergehaltes und Luftgehaltes der Bäume in ihren einzelnen Theilen und der durch die Jahreszeit bedingten Veränderungen desselben, sie dienten endlich dazu, die Gesetze des Schwindens nach Ringbreite und Holzart klarzulegen.

An diese Untersuchungen reihte sich eine grosse Zahl von solchen Untersuchungen an, die sich meist nur auf bestimmte Baumhöhen beschränkten und ohne Rücksicht auf den Wassergehalt an ganz trockenen oder doch nicht völlig frischen Hölzern ausgeführt wurden. Sie hatten den Zweck, den Einfluss festzustellen, welchen Bodenarten verschiedener Qualität, Hochgebirgslagen, Lichtstellung oder andererseits starke Unterdrückung auf die Güte des Holzes ausüben. Die Resultate dieser Untersuchungen sind meist dem Texte beigegeben und nur die beiden aus dem Revier Geisenfeld stammenden Kiefern (19 und 20 der Einzeltabellen) sind ausführlicher mitgetheilt, um zugleich einen Einblick zu gewähren in die Verschiedenheiten des Holzes auf der Süd- und Nordseite eines Baumes.

Wir gehen nun zur Betrachtung des Untersuchungsmaterials nach Holzarten getrennt über.

Die Lärche.

Die zu vier verschiedenen Jahreszeiten gefällten 70 jährigen Lärchen des Reviers Kranzberg (Einzeltabelle 1—5) entstammen einem wahrscheinlich durch Auspflanzung einer breiten Abtheilungslinie entstandenen schmalen Lärchenhorste im dicht geschlossenen Fichtenbestande. Durch den angrenzenden Fichtenbestand ist der Boden unter den Lärchen, abgesehen von einzelnen Stellen, fast ebenso beschattet worden, wie unter dem geschlossenen Fichtenbestande.

Die mittlere Bestandeshöhe von 30 m, die Stammdurchmesser auf Brusthöhe (ohne Rinde) von 28—36 cm und die Schaftholzmassen (ohne Rinde und Stock) von 0,73—1,34 fm repräsentiren immerhin einen guten Lärchenwuchs.

Annähernd gleich guten Wuchs zeigen drei 45 jährige Lärchen aus dem Revier Dormitz des Forstamtes Sebaldi bei Nürnberg, welche eine Höhe von 20 m und Durchmesser (ohne Rinde) von 18,7—23,9 cm auf Brusthöhe besassen, und auf gutem, den Streurechen kaum ausgesetztem Keupersandboden erwachsen waren.

Eine ganze Reihe von Lärchenstammstücken aus 1—2 m Baumhöhe habe ich aus den Alpen und zwar theils aus 750 m Höhe bei Tegernsee (Lärchenwald oberhalb Tegernsee), theils aus höheren über 1000 m gelegenen Beständen bezogen, von denen ich bereits einen Theil im April-Heft 1884 der Allgemeinen Forst- und Jagdzeitung besprochen habe.

Die Kiefer.

Von dieser Holzart sind 6 Bäume im 70—75 jährigen Alter mit einer Höhe von 22—27 m und einem Schaftinhalt von 0,87—1,54 fm, sowie 4 Bäume im 20—25 jährigen Alter aus dem Reviere Kasten zur Untersuchung gezogen („Untersuchungen", II. Theil). Das Revier Kranzberg dagegen lieferte 13 Kiefern von 80—110 jährigem Alter bei einer Höhe von 28—31 m und einem Kubikinhalt von 0,71—1,74 fm (6—18 der Einzeltabellen). Der dichte Schluss, in welchem diese Bäume, eingesprengt zwischen Fichten erwachsen waren, hatte den Massenzuwachs im Vergleich zu den jüngeren, lichter erwachsenen Kiefern des Reviers Kasten etwas zurückgehalten.

Zum Vergleich konnte ich die Ergebnisse meiner älteren Untersuchungen über das Trocken- und Frischgewicht der Kiefer in der Mark Brandenburg benutzen, liess aber auch drei Kiefern von 85—92 jährigem Alter aus dem Nürnberger Reichswalde, und zwar aus einem solchen, nahe bei Nürnberg gelegenen Bestande fällen, welcher durch übermässiges Streuwehen arg herabgekommen war. Zwei alte auf Sandboden erwachsene Kiefern des Reviers Geisenfeld bei Ingolstadt, von Dr. H. Mayr behufs Untersuchung des Harzgehaltes gefällt, sind unter 19 und 20 der Einzeltabellen dargestellt. Einzelne Kiefern sind auch aus dem Alpengebiete in Untersuchung gezogen, so z. B. eine 100 jährige Kiefer aus der Pertisau am Achensee, in 950 m Höhe über dem Meere, die ich in dem mehrfach citirten Artikel der Forst- und Jagdzeitung beschrieben habe.

Die Fichte.

Im Forst Kasten wurden 6 Fichten von 65—80 jährigem Alter, einer Baumhöhe von 28—30 m und einem Schaftgehalt (ohne Rinde) von 1,14—1,78 fm zur Untersuchung gezogen. Die Aestigkeit derselben bis weit am Stamm herab zeugte dafür, dass sie von Jugend auf ziemlich licht erwachsen waren. Ueber sie und über die ca. 25 jährigen Fichten desselben Reviers sind die Untersuchungsresultate bereits im 2. Theil der „Untersuchungen" veröffentlicht.

Im Reviere Kranzberg wurden 13 Fichten von 120—130 jährigem Alter, die im dichten Schlusse erwachsen waren, untersucht (21—33 der Einzeltabellen). Ihre Höhe beträgt 31—34,5 m, ihr Inhalt (ohne Rinde) 1,11 bis 2,25 Festmeter.

Aus demselben Reviere liess ich eine 60 jährige, seit 10 Jahren völlig freigestellte, sowie eine 70 jährige stark unterdrückte Fichte fällen, um den Einfluss der Lichtung und der Unterdrückung zu erkennen. Mehrere aus bedeutenden Hochlagen stammende alte Plänterwaldsfichten gaben Aufschluss über den Einfluss jener eigenartigen Wachsthumsverhältnisse.

Die Weisstanne.

Ebenfalls aus dem Kranzberger Reviere und zwar untermischt mit Fichten erwachsen, entstammen 12 Weisstannen (34—45 der Einzeltabellen) von 95—110 jährigem Alter, einer Höhe von 28—32 m und einem Schaftgehalt von 0,93—1,78 fm. In ihrer Wuchsgeschwindigkeit stimmen sie demnach mit den 120—130 jährigen Fichten desselben Bestandes überein. Auch sie entstammen wahrscheinlich der natürlichen Verjüngung und sind jedenfalls im geschlossenen Bestande aufgewachsen.

Zum Vergleich mit ihnen sind noch einige Weisstannen aus den Vorbergen der Alpen bei 660 m Höhe über dem Meere und einige Stämme aus dem Thüringerwalde untersucht.

Die Zirbelkiefer.

Zwei 90 resp. 110 jährige Bäume wurden in der Gegend von Berchtesgaden und einer Hochlage von 1450 m gefällt, doch standen mir nur Holzstücke aus ca. 2 m Baumhöhe zur Verfügung. Auch konnte ich zwei Stammstücke dieser Holzart aus Sibirien, aber aus unbestimmter Baumhöhe, untersuchen.

Die Bergkiefer (Pinus montana).

Von der hochstämmig wachsenden Form dieser Holzart habe ich einen 100 jährigen Stamm aus 950 m Höhe über dem Meere, den ich am Achensee in der Pertisau fällen liess, zur Untersuchung ziehen können.

Kapitel II.

Die Untersuchungsmethode.

a. Fällungszeit und Vorbereitung der Stämme.

Während beim Laubholz, zumal im jüngeren Alter, der Gehalt des Splintholzes an Reservestoffen zu verschiedenen Jahreszeiten ein erheblich verschiedener ist, und dadurch das specifische Gewicht in hohem Grade beeinflusst wird, ist beim Nadelholz, insbesondere bei älteren Bäumen der Gehalt an Mehlen im Holzkörper ein so geringer, dass mit Bezug auf sie

eine Berücksichtigung der Jahreszeit wegfallen konnte. Dagegen kam es
darauf an, die Veränderungen des Wassergehaltes im Splintholze der Bäume,
welche durch die Jahreszeit bedingt werden, festzustellen und war in dem
Jahre 1881/82 die Fällung von je einer Kiefer und Fichte in folgenden Terminen ausgeführt: 2. Januar, 4. März, 14. März, 19. Mai, 9. Juli, 8. October.

Die Untersuchung hatte ergeben, dass für beide Holzarten der grösste
Wassergehalt in den Monat Juli, ein nahezu gleich grosser in den Anfang
Januar fällt, dass dagegen der Minimalwassergehalt in den Frühjahrsmonat
März fällt, und dass bei der Kiefer erst Ende Mai der Wassergehalt wieder
steigt. Ein zweites Minimum fiel in den Monat October.

Bei den neuen Untersuchungen habe ich nun folgende Termine gewählt:
28. December 1883, 3. April 1884, 28. Juni 1884, 9. October 1884, 30.
December 1884. Es kam mir aber auch darauf an, zu erfahren, welchen
Einfluss auf den Wassergehalt der Bäume es ausüben würde, wenn einerseits
die Transpiration derselben bei unbehinderter Wasseraufnahme durch die
Wurzeln auf ein Minimum beschränkt und andererseits bei ungehinderter
Verdunstung die Wasseraufnahme ganz abgeschnitten würde. Ich liess deshalb zu verschiedenen Terminen Kiefern, Fichten und Tannen vollständig
ausästen und die Astwunden mit Steinkohlentheer beschmieren, anderntheils
ähnliche Stämme unten ringsherum so tief mit der Säge einschneiden, dass
voraussichtlich der Splint ganz durchsägt war. Allerdings ist dies bei der
Kiefer, deren Splint sehr breit ist, nicht in jedem Falle gelungen.

Die Fällung erfolgte nun an den oben bezeichneten Terminen und zwar
in folgender Zusammenstellung:

Am 28. December 1883 wurden gefällt:

eine normale Lärche und eine normale Weisstanne.

Am 3. April 1884 wurden gefällt:

je eine normale Lärche, Fichte, Kiefer, Tanne,

je eine Ende December ausgeästete Kiefer, Fichte und Tanne,

je eine Ende December eingesägte Lärche, Kiefer, Fichte und Tanne.

Am 28. Juni 1884 wurden gefällt:

je eine normale Lärche, Kiefer, Fichte, Tanne,

je eine Ende December ausgeästete Kiefer, Fichte, Tanne,

je eine Anfang April ausgeästete Kiefer, Fichte, Tanne,

je eine Ende Dezember eingesägte Kiefer und Fichte,

je eine Anfang April eingesägte Kiefer, Fichte und Tanne.

Am 9. October 1884 wurden gefällt:

je eine normale Lärche, Kiefer, Fichte und Tanne,

je eine Anfang April ausgeästete Kiefer, Fichte und Tanne,

je eine Anfang April eingesägte Kiefer, Fichte und Tanne.

Am 30. December 1884 wurden gefällt:

je eine normale Kiefer und Fichte,

je eine Mitte October ausgeästete Kiefer, Fichte und Tanne.

Es macht dies zusammen 43 Bäume desselben Bestandes.

b. Untersuchung im Walde.

Was die specielle Darstellung der Untersuchungsmethode betrifft, so darf ich mich hier ziemlich kurz fassen, weil ich im II. Heft der Untersuchungen aus dem forstbotanischen Institute eingehend darüber gesprochen habe. Nur in Bezug auf die Länge der Sectionen und die Grösse der Versuchsstücke wurden einige Abweichungen von dem früheren Verfahren vorgenommen. Nach Fällung des Probestammes wurde zunächst 1 m von dem unteren Schnittrande, also schwankend in 1,3—1,5 m Höhe über dem Boden eine Holzwalze von 0,2 m Länge herausgeschnitten. Da bei dem Zerschneiden der werthvollen Stämme Rücksicht darauf zu nehmen war, dass die Sectionen noch als Sägeblöcke u. dergl. Verwendung finden konnten, so entschied ich mich für 5 m lange Sectionen, während ich bei meinen früheren Arbeiten 3 m lange Sectionen wählte. Mit Hinzuzählung der 0,2 m langen Probewalzen berechnet sich also die Distanz je zweier Versuchsstücke von einander auf 5,2 m. Es wurden schon vor der Fällung die Nord- und Südseite äusserlich markirt, so dass auf jeder Probewalze die Himmelsrichtung bezeichnet werden konnte. Es wurden nun in der Regel von der Nord- und Südseite Probestücke ausgespalten, wie sie die beistehende Fig. 5 darstellt. Der äusserste Theil (1), der die todte und lebende Rinde darstellt, wurde sofort völlig entfernt. Der mit 2 bezeichnete Theil repräsentirt den wasserleitenden Splint, der mit 4 bezeichnete Theil den zweifellosen Kern, während der Theil 3 (als Mitte bezeichnet) die oft nicht scharf zu erkennende Grenzpartie zwischen Splint und Kern in sich schliesst. Bei einer Mehrzahl von Stämmen, bei denen

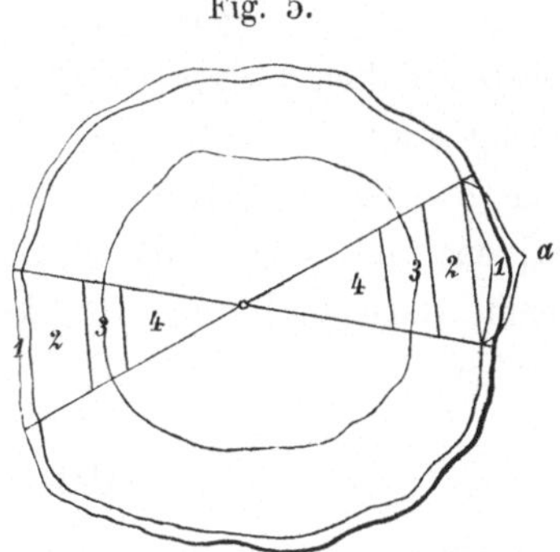

Fig. 5.

die Grenze aber scharf hervortrat, habe ich nur Splint und Kern ausgeschieden, und zwar immer mit Rücksicht darauf, dass das Splintstück nur Splint-, das Kernstück auch wohl etwas Splintholz enthalten durfte. Ich bemerke noch, dass ich in den Tabellen die inneren Holzstücke, soweit sie kein flüssiges Wasser mehr führen, immer als Kern bezeichnet habe, mögen dieselben sich durch dunklere Färbung gegen den Splint abgrenzen oder nicht. Ich kann nicht umhin, auch hier nochmals das Unpassende und Unzweckmässige des Wortes „Reifholz“ hervorzuheben. Der Laie in forstlichen Dingen verbindet gar zu leicht mit dem Ausdrucke „Reifholz“ die Idee, als sei dasselbe noch unreif.

Ist doch noch kürzlich selbst von Fr. Baur[1]) das Holz 55 jähriger Carya-arten als „unreif“ bezeichnet worden. Nun ist aber bekanntlich der jährliche Holzmantel eines Baumes schon im Nachsommer der Vegetationsperiode, in welcher er entsteht, völlig reif und giebt es viele Baumarten, die stets bis zum höchsten Alter aus Splint bestehen. Will man das Holz 100 jähriger Birken durchweg als „unreif“ bezeichnen? Es giebt Bäume, bei denen das reife Holz schon nach zwei Jahren eine Veränderung erleidet, die wir Verkernung nennen, andere, z. B. Carya, zeigen diese Veränderung erst nach 50 Jahren. Bei letzteren wird in der Technik zweifellos viel mehr Splintholz als Kernholz verwendet, da auch bei 100- und mehrjährigen Bäumen die Hauptholzmasse aus Splintholz gebildet wird. Untersuchungen der technischen Eigenschaften des Carya-Splintholzes haben deshalb vielleicht ein grösseres praktisches Interesse als solche des Kernholzes. —

Da recht oft Verschiedenheiten im Wassergehalte und in der Substanz zwischen den entgegengesetzten Seiten eines Baumes auftreten, so wurde durch Ausspaltung zweier Versuchsstücke von der Nord- und Südseite der Bäume die mittlere Qualität möglichst zu gewinnen versucht. Die hier und da bei den Resultaten am einzelnen Baume hervortretenden Unregelmässigkeiten dürften daraus zu erklären sein, dass doch nicht immer die beiden Stücke das Mittel der ganzen Holzwalze repräsentirten. Das Volumen der beiden zusammengewogenen und gemessenen Holzstücke schwankt in den meisten Fällen zwischen 0,2—1 Liter; das Volumen der meisten Probestücke betrug etwa 0,4 Liter. Die Wägung der Holzstücke erfolgte unmittelbar nach dem Ausspalten derselben, um jeden Verlust durch Verdunstung zu vermeiden und zwar mit einer Genauigkeit bis auf 0,01 gr. Die Messung konnte dagegen bis zur Rückkehr in das botanische Laboratorium verschoben werden.

c. Untersuchung im Laboratorium.

Diese betraf zunächst die Volumbestimmung im frischen Zustande. Das Frischvolumen ist eine äusserst wichtige Grundlage für alle in Frage kommenden Ermittelungen. Es bildet die Einheit, auf welche sich die Berechnungen des Wassergehalts, Luftgehalts, der Substanzmenge, des specifischen Frischgewichtes und des Schwindens beim Trocknen beziehen.

Da, wie ich mich überzeugt habe, ein Schwinden erst nach mehreren

---

1) Forstwissenschaftliches Centralblatt 1885, S. 135.

Tagen eintritt, nachdem bereits ein grosser Wasserverlust eingetreten ist und die Wandungssubstanz selbst Wasser abzugeben beginnt, so konnte die Volumbestimmung auf den Tag nach der Fällung verschoben werden.

Nach sorgfältigster Erwägung und Prüfung aller Methoden und der durch sie zu erreichenden Genauigkeit gelangte ich zu der schon in meinen „Untersuchungen II" dargestellten Methode der Volumermittelung in sorgfältig gearbeiteten Xylometern von verschiedenen Durchmessern. Ich gebe nebenstehend (Fig. 6) die Abbildung des für grössere Holzstücke verwendeten und äusserst empfehlenswerthen Xylometers von Gebrüder Zimmer in Stuttgart.

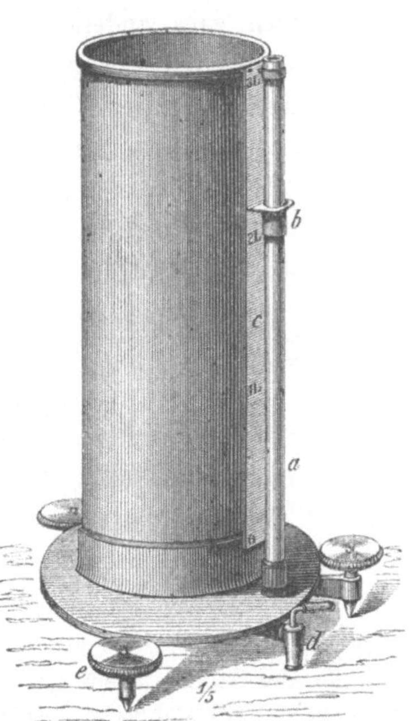
Fig. 6.

Bei Probestücken von 0,4 Liter Inhalt dürfte der mögliche Ablesungsfehler selten $\frac{1}{2}$ pCt. erreicht haben. Nach sorgfältigen Ermittelungen betrug der durch Wassereinsaugung entstehende Fehler ebenfalls kaum $\frac{1}{2}$ pCt., so dass im ungünstigsten Falle, der selten eingetreten sein dürfte, ein Messungsfehler bis zu 1 pCt. des Volumens denkbar ist. Bei den grossen Differenzen im specifischen Gewichte und Wassergehalte der Probstücke konnten diese Fehler nicht irritirend auf die Untersuchungsresultate einwirken.

Nach der Bestimmung des Frischvolumens wurden die Versuchsstücke zunächst etwa 8 Wochen an einem luftigen resp. im Winter geheizten Orte soweit zum Trocknen gebracht, dass der grösste Theil des Wassers zweifellos entwichen und annähernd der sogenannte Lufttrockenzustand hergestellt war. Während ich bei meinen älteren Untersuchungen auch den Lufttrockenzustand zu bestimmen suchte, habe ich von dieser Untersuchung nunmehr Abstand genommen, da ja der Werth der dadurch gewonnenen Zahlen nur sehr gering ist und kaum für die Praxis eine Bedeutung besitzt. Für wissenschaftliche Betrachtungen und Vergleiche hat nur der wirkliche Trockenzustand eine Bedeutung und ist dies zur Jetztzeit von allen wissenschaftlichen Autoren anerkannt, dass es kaum nöthig erscheint, noch einige Worte zur Begründung hinzuzufügen. Für alle wissenschaftlichen Betrachtungen muss man vergleichbare Zustände wählen, also entweder den Frischzustand des Holzes, wie er dem eben gefällten Baume eigenthümlich ist, oder den wirklichen Trockenzustand, wie er erreicht wird durch anhaltendes Darren bei 100° C. bis höchstens 105° C. Alle zwischen Frisch- und Trockenzustand befindlichen Zwischenzustände sind für wissenschaftliche und damit auch für praktische Fragen nicht verwerthbar. Nur der sogenannte Lufttrockenzustand wird noch von einer Anzahl Praktiker als wichtige Ziffer betrachtet. Was ist aber Lufttrockenzustand?

Das Holz unserer Möbeln, der Thüren u. s. w. enthält im geheizten Zimmer einen ganz anderen Wassergehalt, als im ungeheizten Zimmer. In strengen Wintern bei anhaltender Heizung wird die Zimmerluft oft so trocken, dass noch alte Möbeln krachen, d. h. in Folge des Wasserverlustes ihr Volumen erheblich vermindern. Der lufttrockene Zustand des Holzes im Dachraume ist ein ganz anderer, als der im Keller, im Sommer ein anderer als im Winter, in feuchten Klimaten ein anderer als in trockenen. Es giebt also unendlich verschiedene Lufttrockenzustände und ist somit eine Zahl, welche den Lufttrockenzustand darstellt, nicht zu wissenschaftlichen Betrachtungen geeignet.

Was andererseits die praktische Verwerthbarkeit dieser Zahlen betrifft, so wollen wir uns doch nicht verhehlen, dass dieselbe eine äusserst geringe ist. Selbst in den Händen des Tischlers ist das Holz nur sehr selten „lufttrocken“. Auch in der kühnen Voraussetzung, dass die Praktiker sich um die Resultate der wissenschaftlichen Forschung bekümmern würden, so würden sie die Lufttrockenzahlen für ihre Berechnungen u. s. w. gar nicht gebrauchen können. Jedenfalls wäre ihnen aber auch mit der Kenntniss des Trockenzustandes des Holzes mehr gedient, da sie auf Grund dieser Kenntniss mit Leichtigkeit das Gewicht des Holzes um so viel vermehren können, als unter bestimmten Umständen voraussichtlich durch den Wassergehalt der Luft der Zustand des Holzes verändert wird. Ich habe, um die Umrechnung des Trockenzustandes in denjenigen Lufttrockenzustand, den kleinere Holzstücke im Hochsommer an einem völlig trockenen, dem Luftzuge ausgesetzten Orte annehmen, zu ermöglichen, im III. Hefte meiner Untersuchungen aus dem forstbotanischen Institute die Resultate meiner Untersuchungen an 282 Holzstücken mitgetheilt. Das specifische Trockengewicht (absolut trocken) ist darnach zu erhöhen bei Eichensplint um 4, bei Eichenkern um 3, d. h. Eichensplintholz von 67,2 specifischem Gewicht im trockenen Zustande zeigt im lufttrockenen Zustande obiger Beschaffenheit 71,2 specifisches Gewicht, Eichenkern von 69,0 zeigt 72,2 im lufttrockenen Zustande.

Buchensplint von 69,5 steigt auf 72,7 im lufttrockenen Zustande, Buchenkern von 69,2 auf 71,8.

Birkensplint steigt von 60,0 auf 62,6 im lufttrockenen Zustande, Birkenkern steigt von 57,4 auf 61,8.

Bei Nadelhölzern ist die Differenz im Durchschnitt nur 2, d. h. Fichtenholz von 43,5 specifischem Gewicht zeigt 45,5 Lufttrockengewicht, Kiefernholz von 47,5 zeigt 49,5 Lufttrockengewicht.

Ich bemerke aber ausdrücklich, dass diese Zahlen nur für die bezeichnete Art des Lufttrockenzustandes gelten, für andere Arten des Lufttrockenzustandes ganz verschieden davon sein können, und da weiter fortgesetzte Untersuchungen an grösseren, zuvor dem Luftzuge und der Sonne nicht ausgesetzten, aber sehr alten Nadelholzstücken meiner Sammlung im Durchschnitt eine Differenz zwischen lufttrockenem und trockenem Nadelholz von 3 ergeben hat, so wird man die in dieser Arbeit veröffentlichten Trockengewichtszahlen um mindestens 3 vergrössern müssen, um sie mit den Lufttrockengewichtzahlen der älteren Litteratur vergleichen zu können.

Für wissenschaftliche Forschungen, mit denen wir es hier zu thun haben, kann nur das wirkliche Trockengewicht in Frage kommen.

Die Feststellung der praktisch wichtigen Fragen, wie viel im grossen Durchschnitt ein Festmeter Fichtenbretter u. dgl. wiegt, um etwa daraus das Gewicht einer Eisenbahnwagenladung Bretterwaaren für kaufmännische Zwecke zu bestimmen, ist nicht unser Endziel gewesen. Dafür besitzen die Holzhändler bereits ihre Erfahrungsätze, die für unsere wissenschaftlichen Zwecke selbstverständlich völlig werthlos sind.

Ebenso werthlos sind für wissenschaftliche Fragen diejenigen Untersuchungen, bei denen die Rinde nicht vom Holzkörper getrennt ist. Für den Holzfuhrmann, der die Rinde aus dem Walde mit hinausfahren muss, könnten diese Zahlen vielleicht einiges Interesse besitzen, wenn nicht die Erfahrung zeigte, dass derselbe den durch wissenschaftliche Untersuchung gewonnenen Zahlen nur eine sehr beschränkte Beachtung angedeihen lässt.

Nachdem die Hölzer in eigens construirten eisernen Trockenkästen bei 100 bis 105° C. etwa drei Tage gedörrt worden, dann nochmals gewogen waren, lagen die Daten vor, um durch Berechnung zu finden:

1. Das specifische Frischgewicht $= \dfrac{\text{Absolutes Frischgewicht}}{\text{Frischvolumen}}$ (Spalte m). [1]

2. Das specifische Trockengewicht $= \dfrac{\text{Absol. Trockengewicht}}{\text{Trockenvolumen}}$ (Spalte n).

3. Die Volumenverminderung (Schwinden)

$$= \dfrac{\text{Frischvolumen} - \text{Trockenvolumen}}{\text{Frischvolumen}}$$ (Spalte o).

4. Das Gewicht der organischen Substanz (incl. Asche) im

$$\text{Frischvolumen} = \dfrac{\text{Trockengewicht}}{\text{Frischvolumen}}$$ (Spalte d).

---

1) Die Bezeichnung bezieht sich auf die Spalten der Einzeltabellen.

5. Der Wassergehalt im Frischvolumen

$$= \frac{\text{Frischgewicht} - \text{Trockengewicht}}{\text{Frischvolumen}} \quad \text{(Spalte h)}.$$

6. Der Wassergehalt in 100 Frischgewichtseinheiten

$$= \frac{\text{Frischgewicht} - \text{Trockengewicht}}{\text{Frischgewicht}} \quad \text{(Spalte b)}.$$

Es kam nun noch darauf an, genau das Verhältniss festzustellen, in welchem sich die feste Substanz, das Wasser und der Luftraum im Innern eines Holzkörpers zu einander verhalten.

Th. Hartig hat zuerst die Methode angegeben,[1]) in welcher wir zu der interessanten Einsicht dieser Verhältnisse gelangen, und J. Sachs hat diese Methode nicht unwesentlich verbessert.[2])

Es kam zunächst darauf an, das specifische Gewicht der Wandungssubstanz des Holzes festzustellen. Ich habe in meinen „Untersuchungen II" gezeigt, dass dieselbe für alle untersuchten Holzarten gleich 1,56 sei. Daraus ergiebt sich

7. Das Volumen der trockenen Holzsubstanz pro Frisch-

$$\text{volumen} = \frac{\text{Substanzgewicht in 100 Frischvolumen}}{1,56} \quad \text{(Spalte e)}.$$

8. Der Luftraum im Holze = Frischvolumen — (Trocken-

substanzvolumen [7] + Wasser [5]) (Spalte g).

Untersuchungen, über die ich ebenfalls früher (Untersuchungen II, Seite 15—19) schon berichtet habe, ergaben die Menge des Imbibitionswassers der Wandungssubstanz im völlig gesättigten Zustande.

Mit Bezug auf die Kiefer fand ich für Kiefernsplint 55 pCt. des Volumens der trockenen Wandung, für Fichte 60 pCt.

Es blieb mir noch übrig, für Weisstanne und Lärche diese Untersuchungen zu wiederholen. Sie ergaben für Weisstanne eine Wassercapacität von 50 pCt. (Kern und Splint gleich), also genau so viel als Jul. Sachs gefunden hatte; für Lärchensplint 53 pCt. und für den Kern der Lärche 48 pCt. Wassercapacität.

9. Das Volumen der mit Wasser gesättigten Wandungen

ist = Trockenvolumen + (Trockenvolumen × Wasser-

capacität) (Spalte f).

Daraus resultirt endlich

10. Die Menge des liquiden Wassers im Lumen der Organe. Sie ist

= Wasser (5) — (Trockenvolumen × Wassercapacität) (Spalte i).

---

1) Anatomie und Physiologie der Holzpflanzen, S. 321. Berlin 1878.

2) Ueber die Porösität des Holzes. Würzburg 1879, in den Arbeiten des botanischen Instituts, Bd. II. § 3.

Da es bei der Verschiedenheit im Verhältnisse der festen Masse zum Lumen der Organe von Interesse war, das procentische Verhältniss zwischen Luftraum und liquidem Wasser im Lumen der Organe kennen zu lernen, so ergab sich

11. Der Procentgehalt des Wassers im Zelllumen

$$= \frac{\text{Liquides Wasser (10)}}{\text{Liquides Wasser (10)} + \text{Luftraum (8)}} \quad \text{(Spalte k).}$$

Ich habe vorstehend ganz in der Kürze angegeben, wie die einzelnen in den Tabellen mitgetheilten Rechnungsresultate gefunden worden sind, ohne auf die Begründung des Berechnungsmodus u. s. w. näher einzugehen, da ich sonst alles das wiederholen müsste, was ich in meinen „Untersuchungen II" eingehend besprochen habe.

Zur Erläuterung der Tabellen am Schlusse der Arbeit füge ich nur noch einige Bemerkungen hinzu.

Alle Angaben beziehen sich auf den entrindeten Holzkörper des Schaftes ohne Aeste.

Die Spalte a giebt oben die Baumhöhe in Meter, unten den Durchmesser in Centimeter für jede untersuchte Baumhöhe.

Bezüglich der in Spalte b enthaltenen Ausdrücke verweise ich auf Seite 25 und hebe nur noch besonders hervor, dass ich auch dann das innerste, an die Markröhre angrenzende Holzstück mit Kern bezeichnete, wenn dasselbe, wie bei Fichte und Tanne, nur durch den Mangel an liquidem Wasser ausgezeichnet ist. Unter Holz verstehe ich den gesammten Holzkörper (Splint, Mitte, Kern) und die darauf bezüglichen Zahlen repräsentiren nicht den arithmetischen Durchschnitt der darüberstehenden Ziffern, sondern sind besonders berechnet unter Berücksichtigung des thatsächlichen Verhältnisses, in welchem Splint und Kern im Stammabschnitte vertreten sind. Für die Spalten e, f, i, k habe ich nur die Zahlen für den Splint berechnet, da das Verhältniss zwischen Wassergehalt und Luftraum nur im Splint von grösserem wissenschaftlichen Interesse ist. Da ich alle Berechnungen persönlich ausgeführt habe, so darf diese Oekonomie mit meiner Zeit und Arbeitskraft wohl als gerechtfertigt erscheinen.

Auch die für den ganzen Stamm berechneten Zahlen sind nicht arithmetische Durchschnittszahlen aus der Summe der einzelnen Sectionen, sondern wurden in sorgfältiger Berücksichtigung des Massengehalts jeder einzelnen Baumsection durch eine sehr zeitraubende Berechnung festgestellt.

Dasselbe gilt für den Splintkörper des ganzen Stammes. Aus der bekannten Splintbreite jeder Baumsection wurde zunächst die Grösse des Splintkörpers für jede Section berechnet und mit dieser Zahl die Substanzmenge und der Wassergehalt für die Section gefunden. Aus der Summe aller Zahlen ergab sich dann der Durchschnitt des Splintkörpers vom ganzen Baume.

Aus den früher entwickelten Gründen umfasst der so berechnete Splintkörper nicht immer den ganzen Splint, vielmehr steckt ein Theil desselben noch in den sog. Mittelstücken.

Kapitel III.

Die Jahrringbildung.

Die Seite 13 besprochene Verschiedenheit in der Beschaffenheit des Frühlings- und des Sommerholzes einer jährlichen Holzproduction, durch welche sich dieselbe als Jahresring scharf zu erkennen giebt, wird nach der herrschenden, durch J. Sachs und H. de Vries begründeten Ansicht hervorgerufen durch den im Laufe einer Vegetationsperiode zunehmenden Rindendruck. Die fast 8 Monate lang auf die abgestorbenen Rindentheile, das Periderm oder die Borkeschichten einwirkenden äusseren Einflüsse, nämlich abwechselnde Abkühlung und Erwärmung, und damit verknüpfte Expansion und Contraction, Gefrieren des zwischen die Rindeschuppen eingedrungenen Wassers, Einwirkung von Flechten und Pilzen u. s. w., sollen veranlassen, dass bei Beginn der cambialen Thätigkeit die Rindenspannung eine minimale Grösse einnimmt, also nur einen geringen Druck auf das cambiale Gewebe ausübt. In demselben Maasse, als aus dem Bildungsgewebe ein neuer Mantel von Jungholz und Jungbast und bald darauf von fertigem Holz und Siebgewebe zwischen vorjähriger Rinde und Holz entsteht, werde das ältere Rindengewebe expandirt und übe einen immer mehr zunehmenden Gegendruck aus. Der lebende Theil der Rinde vergrössert sich durch Zelltheilung und Zellwachsthum, der äussere, todte Theil wird gewaltsam ausgedehnt und erhält unter Umständen Längsrisse. Dieser sich im Laufe des Sommers nach der bisherigen Annahme steigernde Rindendruck soll nun die Veranlassung sein nicht allein der verminderten Ausdehnung des radialen Durchmessers der Tracheiden, sondern auch dazu führen, dass die Bildungsstoffe mehr der Wandverdickung als der Neubildung von Zellen zu Gute kommen.

Wiederholt[1] habe ich mich dahin ausgesprochen, dass ich die grössere Güte des Sommerholzes weit mehr als eine Folge besserer Ernährung betrachte.

---

1) Zersetzungserscheinungen des Holzes, 1878. Lehrbuch der Baumkrankheiten, 1882. Untersuchungen aus dem forstbotanischen Institut zu München, II, 1880, S. 148—150.

Meine jüngsten Untersuchungen bekräftigen mich in dieser Anschauung.

Der Jahresring entsteht aus der Auflösung und Verwendung der im Vorjahre gebildeten und in Rinde und Holz abgelagerten Reservestoffe und aus der Verwendung der im selben Jahre neu entstandenen Bildungsstoffe. Es ist bekannt, dass bei den Nadelhölzern die Reservestoffe des Vorjahres nur einen beschränkten Antheil an der Holzproduction nehmen und zum Theil zur Neubildung der Triebe und Blätter benutzt werden.

Es leuchtet von vornherein ein, dass die Betheiligung der Reservestoffe des Vorjahres an den Neubildungen ungemein verschieden sein wird nach Holzart, Baumalter und individueller Entwickelung, dass sie abhängig ist von der Witterung und der dadurch bedingten Production an Baustoffen. Die älteren, diesen Gegenstand betreffenden Untersuchungen bezogen sich nur auf jüngere, ausgeästete Baumindividuen und ist es deshalb nicht uninteressant, zu erfahren, wie gross der Antheil der Reservestoffe an der Jahrringbildung bei älteren, dominirenden Bäumen ist. Ich liess Anfang April je zwei 110 jährige Weisstannen, 95 jährige Kiefern, 120 jährige Fichten total entästen und entgipfeln und dann je einen Stamm am 29. Juni, den zweiten am 9. October desselben Jahres fällen.

Die Untersuchung ergab nachstehende Resultate:

Verhältniss der Ringbreite ausgeästeter Bäume zur Breite des letzten Jahrringes vor der Entästung.

Baum-höhe m	110 jähr. Weiss-tannen		95 jähr. Kiefern		120 jähr. Fichten	
	29. Juni	9. Octbr.	29. Juni	9. Octbr.	29. Juni	9. Octbr.
32,7	—	—	—	—	0,08	0,10
27,5	0,27	—	—	0,35	0,16	0,20
22,3	0,50	0,35	0,28	0,31	0,05	0,10
17,1	0,30	0,39	0,26	0,25	0,02	0,10
11,9	0,46	0,26	0,28	0,17	0,04	0,06
6,7	0,36	0,28	0,21	0,00	0,015	0,01
1,5	0,22	0,54	0,22	0,20	0,006	0,25
Mittel	**0,352**	**0,364**	**0,250**	**0,256**	**0,053**	**0,123**

Man sieht, dass bei der Weisstanne 0,36, bei der Kiefer 0,25, bei der Fichte 0,12 der vorjährigen Ringbreite ohne Mitwirkung neuer Bildungsstoffe auf Kosten der Reservestoffe entstanden ist. Zugleich erhellt, dass diese Verwendung bei Tanne und Kiefer bis zum 29. Juni bereits erfolgt war und nur bei der Fichte nach diesem Termine sich fortsetzte. Möglich ist aber auch, dass die Verschiedenheit bei den beiden Fichten auf individuelle Eigenthümlichkeiten zurückzuführen ist. Ich glaube wenigstens annehmen zu dürfen, dass die Ernährung des Cambiummantels im Frühjahr vorwiegend auf Kosten der Reservestoffe des Vorjahres erfolgt. Nur im Gipfel des Baumes findet schon frühzeitig eine Verwendung der neu gebildeten Assimilationsproducte statt.

Die Ernährung des Cambiummantels ist aber offenbar in der Frühjahrszeit eine verhältnissmässig schwache. Die neuen Triebe und Blätter arbeiten nicht allein nicht mit zur Ernährung des Cambiummantels, sondern beanspruchen sogar selbst Zufuhr von Nährstoffen. Die Tage sind noch kurz, die Lufttemperaturen mässig, Licht und Wärme mithin für Erzeugung von Bildungsstoffen und für Verwendung derselben zum Wachsthum noch ungünstig. Es kommt noch hinzu, dass die Bodentemperatur, die sich ja dem Bauminnern und somit der Cambialregion mittheilt, nur sehr langsam steigt. Im Frühjahre, d. h. in den Monaten Mai und Juni, sind deshalb die Ernährungsverhältnisse weitaus ungünstiger, als im Hochsommer. Die Production an Bildungsstoffen, sowie deren Verwendung zur Zellbildung gestalten sich günstiger, sobald die neuen Triebe und Nadeln mit voller Kraft arbeiten, sobald die Tage ihre grösste Länge und die Temperatur sowohl der Luft als des Bodens ihr Optimum erreicht haben.

Die weiteren Besprechungen über den Einfluss der Ernährung auf die Güte des Holzes sind geeignet, meine Ansicht über die Entstehung des Jahrringes zu bestätigen, und die neuesten Untersuchungen von Krabbe: „Ueber das Wachsthum des Verdickungsringes und der jungen Holzzellen in seiner Abhängigkeit von Druckwirkungen"[1]) haben ergeben, dass der Rindendruck sich im Laufe der Vegetationszeit überhaupt nicht oder so wenig verändert, dass von einer Abhängigkeit der Ringbildung vom Wechsel des Rindendrucks in der That nicht mehr geredet werden kann. Ein eigenthümlicher Zufall hat es gewollt, dass Krabbe auf der ersten Seite seiner vorzüglichen Abhandlung mich als einen Vertreter der Rindendrucktheorie aufgeführt hat, weil ich den Ueberwallungsprocess aus einer Verminderung des Rindendruckes auf das cambiale Gewebe nahe dem Wundrande ableite. Offenbar ist man aber doch zunächst berechtigt, den auch von Krabbe nicht bezweifelten Rindendruck zur Erklärung jener Erscheinung heranzuziehen, ohne deshalb unbedingter Anhänger der de Vries'schen Theorie der Jahrringbildung zu sein, die meines Wissens bisher nur von mir und zwar wiederholt in Frage gestellt wurde, wofür ich die Verschiedenheit in der Ernährung des Bildungsgewebes als Ursache der Frühlings- und Sommerholzbildung bezeichnete.

---

1) Abhandlungen der Königl. Preuss. Akademie der Wissenschaften, Berlin 1884.

Kapitel IV.

Das Dickenwachsthum der Bäume.

Die Gesetze des Dickenwachsthums habe ich S. 1 kurz zusammengefasst, ohne dort auf die physiologische Erklärung derselben einzugehen.

Es ist aus den Untersuchungen Th. Hartig's[1]) bekannt, dass die cambiale Thätigkeit der Bäume in den Zweigen beginnt, in schnellerem oder langsamerem Tempo nach unten fortschreitet, bei ca. 30 jährigen Kiefern und Eichen fast gleichzeitig am ganzen Schafte, bei ebenso alten Lärchen und Ahornen unten um 14 Tage bis 4 Wochen später beginnt als in den Zweigen. Der Abschluss der Zuwachsthätigkeit erfolgt oben entsprechend früher, als unten. In den Wurzeln beginnt das Wachsthum erst im Hochsommer und setzt sich bis in den October, bei einzelnen Holzarten bekanntlich bis in den Winter fort.

Im Jahre 1872 habe ich ebenfalls Untersuchungen über Beginn und Fortschreiten der Zellbildung im Cambium einer Reihe von Waldbäumen, zumal der Kiefer, durchgeführt, die zu Resultaten führten, welche mit denen meines Vaters nicht ganz übereinstimmten.

Ich fand nämlich, dass bei 10 jährigen freistehenden Kiefern bereits am 20. April die cambiale Thätigkeit begann, bei 35- und 60 jährigen im lichten Bestande stehenden Exemplaren im oberen Schafttheile der Zuwachs Anfang Mai, im unteren Theile bei einzelnen Bäumen selbst am 9. Mai noch nicht begonnen hatte.

An 100 jährigen im geschlossenen Bestande stehenden Kiefern war am 9. Mai auch in 6 m Höhe noch kein Zuwachs zu erkennen, am 25. Mai bestand derselbe in 6 m Höhe aus 3—4 Tracheiden, in 1 m Höhe aus 1 bis 3 Tracheiden. Daraus folgt also, dass an alten, im Schlusse stehenden Kiefern der Zuwachs im unteren Theile um 4 Wochen später beginnt, als an jungen Kiefern.

Im Jahre 1884 untersuchte ich an im Schlusse erwachsenen alten Kiefern, Fichten, Lärchen und Tannen die Entwickelung des neuen Jahrringes am 29. Juni, indem ich die Ringbreite im zusammengetrockneten Zustande mit der mittleren Ringbreite der drei vorangegangenen Jahre verglich. Die Resultate finden sich in der nachstehenden Tabelle. In dieser habe ich auch die Breite der neuen Jahrringe zweier am 9. Juli 1881 gefällter, in lichtem Stande erwachsener Bäume, einer Kiefer und einer Fichte, dargestellt.

---

1) Anatomie und Physiologie der Holzpflanzen, Berlin 1878, S. 366.

Verhältniss der Jahrringbreiten am 29. Juni resp. 9. Juli zur
mittleren Ringbreite der letzten drei Jahre.

Baum-höhe m	In dicht geschlossenem Bestande 29. Juni 1884				Baum-höhe m	In lichtem Stande 9. Juli 1881	
	Kiefer, 95 jährig	Fichte, 120 jährig	Lärche, 70 jährig	Tanne, 110 jährig		Kiefer	Fichte
32,7	0,82	0,60	—	—	26,3	—	0,45
27,5	0,66	0,56	0,73	0,53	23,2	0,36	0,36
22,3	0,58	0,40	0,30	0,75	20,1	—	0,43
17,1	0,56	0,52	0,22	0,75	17,0	0,43	0,40
11,9	0,32	0,30	0,17	0,78	13,9	0,32	0,47
6,7	0,39	0,25	0,15	0,67	10,8	0,45	0,42
1,5	0,35	0,21	0,18	0,83	7,7	—	0,43
					4,6	0,40	0,42
					1,5	0,25	0,38

Aus der Entwickelung des Jahrringes der im Schlusse erwachsenen
Kiefer, Fichte und Lärche geht hervor, dass Ende Juni im Gipfel dieser
Bäume der Zuwachs bereits auf 0,60—0,82 der vollen Breite ausgebildet
war, während an der Basis, d. h. auf 1,5 m Höhe bei der Kiefer erst $^1/_3$,
bei Fichte und Lärche sogar nur $^1/_5$ der Jahrringsbreite erreicht war, dass
mithin die Zuwachsthätigkeit im Gipfel weit vorausgeeilt war. Die cambiale
Thätigkeit fällt also im Gipfel dieser Bäume in die Monate Mai, Juni, Juli,
während sie am Fusse der Bäume in die Monate Juni, Juli, August fällt.
Zweifellos fällt also die cambiale Thätigkeit dieser Bäume oben mehr in
die ungünstige Frühjahrszeit, umschliesst dieselbe wenigstens vollständig,
während unten der Zuwachs erst nach Eintritt der günstigeren Vegetations-
verhältnisse beginnt und vorzugsweise im Hochsommer vor sich geht.

Diese Verschiebung in den Sommer erklärt meines Erachtens zur Genüge die bessere Ernährung und somit den kräftigeren Zuwachs des Cambiums im unteren Theile dominirender Bäume.

Wie wir später sehen werden, wird unten nicht nur mehr, sondern
auch weit besseres Holz producirt als oben, während bei unterdrückten
Bäumen die geringe Menge producirter Bildungsstoffe beim Abwärtswandern
bereits oben zum grössten Theile oder in extremen Fällen ganz zur Ernährung des Cambiums verbraucht werden, so dass der Zuwachs nach unten
an Menge und wie wir sehen werden, auch an Qualität schnell abnimmt.

Die zweifellos feststehende Thatsache, dass im geschlossenen Waldbestande die Zuwachsthätigkeit im Gipfel oft um 4 Wochen früher beginnt
als am unteren Stammtheile, lässt sich, wie ich glaube, in einfacher Weise
erklären aus dem Einfluss der Wärme auf das Cambium selbst.

Die Processe der Zellbildung sind anerkanntermaassen in hohem Grade abhängig von der Temperatur der Bildungsgewebe.

Die von der Sonne beleuchteten Gipfel der Bäume mit ihren dünnrindigen Zweigen und Aesten, sowie die jungen, noch dünnrindigen Bäume werden oft schon Ende April zur Zelltheilung erweckt. Dasselbe gilt, wie ich weiter unten zeigen werde, von solchen älteren Bäumen, die mehr oder weniger frei stehen, welche also direct von der Sonne am ganzen Schafte getroffen werden und ihr Wasser aus einem Boden beziehen, der durch directe Insolution sich frühzeitig durchwärmt.

Im geschlossenen Waldbestande, dessen Boden von einer Moos- und Humusschicht bekleidet ist und kaum von einem Sonnenstrahle betroffen wird, erhebt sich die Temperatur derjenigen Bodenschichten, in denen die Wurzeln vorzugsweise verbreitet sind, nur sehr langsam auf eine solche Höhe, dass das von den Bäumen daraus aufgenommene Wasser das Bauminnere zu derjenigen Temperatur erhebt, welche die Cambialregion zu neuem Leben erweckt.

Wir wissen aus den Untersuchungen von Th. Hartig, dass besonders an starkrindigen, mit Borke bekleideten Bäumen die Innentemperatur in weit höherem Grade von der Bodentemperatur als von der Luftwärme bedingt wird und dass letztere in demselben Maasse grösseren Einfluss auf die Temperatur des Bauminnern gewinnt, je dünner die Rinde, je dünner der Stamm, je grösser die Entfernung vom Boden ist.

Ich trage deshalb kein Bedenken, die Verzögerung der cambialen Thätigkeit in geschlossenem Waldbestande auf die langsame Durchwärmung des Bodens zurückzuführen.

Eine Bestätigung dieser Anschauung finde ich in dem Verhalten der Weisstanne. Dieselbe ist bekanntlich selbst im 100 jährigen Alter nur von einer dünnen, weichen, fast borkefreien Rinde bekleidet, welche dem Eindringen der Luftwärme nur geringen Widerstand leistet. Dem entsprechend ist bei dem am 29. Juni gefällten Baume der Zuwachs am ganzen Stamme fast gleichmässig und zwar relativ weit ausgebildet. Im Durchschnitt ist bereits $^3/_4$ der Ringbreite am ganzen Schafte fertig.

Eine weitere Bestätigung finde ich in der Entwickelungsstufe des Jahrringes an den beiden am 9. Juli 1881 gefällten, im lichten Stande erwachsenen Bäumen der vorstehenden Tabelle. Die frühzeitige Durchwärmung des Bodens und die directe Insolation der Rinde hat eine nahezu gleichmässige Entwickelung am ganzen Schafte zur Folge gehabt.

Eine vortreffliche Bestätigung meiner Ansicht finde ich ferner in dem Ergebnisse zahlloser mit Hilfe eines Zuwachsbohrers ausgeführter Untersuchungen über Beginn und Fortschreiten des Zuwachses junger und alter, dominirender und unterdrückter, völlig frei, im lichten Stande oder endlich im Schlusse stehender Fichten.

Unter günstigen Erwärmungsverhältnissen, also an frei stehenden, direct insolirten Bäumen der Südhänge begann die cambiale Thätigkeit auf Brusthöhe schon vor dem 1. Mai. Am Fusse eines Nordhanges auf nasskaltem Wiesengrunde zeigte dagegen eine starke Fichte auch im lichten Stande am 26. Mai noch keinen Zuwachs.

Hundert Schritte davon auf trockenem, der Sonne ausgesetztem Boden zeigten freistehende Fichten am 26. Mai schon 20 Tracheiden, d. h. etwa $1/4$ der normalen Ringbreite.

Im vollen Waldesschlusse waren selbst dominirende alte Fichten und Kiefern am 26. Mai nur mit 1—2 neuen Tracheiden versehen, ja selbst am 1. Juni zeigten manche Bäume noch keine Spur von Zuwachs. Im dichten Stangenort hatten die dünnrindigen dominirenden Bäume durchschnittlich 5 Tracheiden, d. h. etwa $1/30$ der normalen Ringbreite erreicht. Unterdrückte Bäume im Schluss schliefen noch völlig.

Der Jahrring an im Schlusse erwachsenen dominirenden und unterdrückten 90 jährigen Fichten war bei München am 29. August in allen Baumhöhen völlig fertig. An einer 0,7 m starken, seit 3 Jahren freigestellten Fichte von 32 m Höhe war der Jahrring bei 29 m fertig; bei 26 und 21 m Höhe war die Zelltheilung beendet, aber der Verholzungsprocess noch nicht abgeschlossen; von 11 m abwärts war auch die Zelltheilung noch im Gange. Zahlreiche ältere Fichten bei Berchtesgaden und Königsee liessen Mitte August erkennen, dass in Brusthöhe die Zelltheilung nahezu beendet war.

Die bedeutende Steigerung des Zuwachses am Wurzelanlaufe, die zu merklichen Anschwellungen des unteren Stammendes führen kann und der dem gegenüber auffällig geringe Quantitäts- und Qualitätszuwachs der Wurzeln scheint mir ebenfalls aus der Einwirkung der Wärme erklärbar zu sein.

Die niedere Bodentemperatur verzögert den Beginn der cambialen Thätigkeit in den Wurzeln um mehrere Monate, verlegt dieselbe in den Nachsommer und Herbst. Wenn aber eine Verwendung der neuen Bildungsstoffe in den Wurzeln noch nicht oder bei der niederen Temperatur des Wurzelcambiums nur langsam erfolgen kann, so muss eine um so kräftigere Ernährung der unmittelbar über dem Boden gelegenen, der Erwärmung sehr zugänglichen Cambialregionen stattfinden, da ja die zuwandernden Bildungsstoffe in die Wurzeln nicht einzutreten vermögen.

Es erfolgt hier nicht allein eine Steigerung der Zuwachsgrösse, sondern, zumal an kräftig ernährten, im Lichtstande stehenden Bäumen die Production äusserst werthvollen Holzes, während umgekehrt Quantität und Qualität des Wurzelholzes entsprechend der relativ tiefen Temperatur nur gering sind.

Kapitel V.

Die Abhängigkeit der Holzqualität von dem Steigen und Fallen der Zuwachsgrösse des Baumes.

Es gilt im Allgemeinen die Annahme, dass zwischen Laubholz- und Nadelholzbäumen eine merkwürdige Verschiedenheit bestehe in dem Verhalten derselben zu einer besseren oder geringeren Ernährung. Bei Laubholzbäumen wird mit Ausnahmen, die hier zunächst nicht erörtert werden sollen, angenommen, dass die Qualität des Holzes um so besser sei, je breiter die Ringe desselben sind, während bei Nadelholzbäumen das entgegengesetzte Verhalten stattfinden soll.

Muss schon von vornherein diese Annahme Zweifel erwecken, so haben die vorliegenden Arbeiten das Unhaltbare derselben klar dargethan. Es tritt vielmehr auf das Unzweideutigste hervor, dass die Zunahme der Ernährung eines Baumes sich nicht nur im grösseren Massenzuwachse, sondern gleichzeitig auch in Verbesserung der Qualität äussert. Mit der Vergrösserung des Wurzel- und Blattvermögens wächst Quantität und Qualität, mit einer Verminderung der Ernährung des Cambiummantels sinkt dagegen Massenzuwachs und Güte des erzeugten Holzes.

Dabei tritt noch die Erscheinung hervor, dass eine Veränderung in den Ernährungsfactoren in der Regel früher und energischer die Qualität beeinflusst als die Quantität. So sehen wir z. B., dass in der Jugend mit der Zunahme der Baumkrone und des Wurzelvermögens die Qualität des Holzes schnell von Jahrzehnt zu Jahrzehnt steigt auch dann, wenn vorübergehend etwa in Folge von gedrängtem Stande und Beschattung durch ältere oder kräftiger wachsende Nachbarn die Quantität nur langsam zunimmt oder wohl selbst etwas nachlässt.

Sobald in höherem Alter die Ernährung des Baumes nachlässt, sinkt die Qualität in viel auffälligerem Maasse als die Quantität, findet dagegen in Folge von Durchforstungshieben, Durchlichtungen u. s. w. eine Steigerung der Massenproduction statt, so steigt sofort die Qualität bedeutend in die Höhe. Es bedarf kaum der Erwähnung, dass der Quantitätszuwachs eines Baumtheiles sich nur aus der Berechnung des Flächenzuwachses, d. h. aus Durchmesser und Jahrringbreite ergiebt. Der Umstand, dass in der Jugend, also in der Zeit der minderen Zuwachsgrösse, die Jahresringe sehr breit zu sein pflegen wegen der geringen Durchmessergrösse, hat zu der irrigen Annahme geführt, den breiten Ringen entspräche immer die schlechtere Holzqualität.

Die Jahrringbreite für sich allein giebt keinerlei oder doch nur sehr zweifelhafte Anhaltspunkte zur Beurtheilung der Holzqualität. In höherem Alter entspricht fast stets eine Zunahme der Ringbreite auch einer Zunahme der Qualität.

Betrachten wir nun, in welcher Weise das Gesetz: „Mit dem Wachsen und Sinken der Ernährung steigt und fällt Quantitäts- und Qualitätszuwachs" bei der Entwickelung des Baumes zur Geltung kommt, so zeigt die nachstehende Zusammenstellung, wie sich bei einer von Jugend auf frei erwachsenen Hochgebirgslärche in einer bestimmten Baumhöhe (2 m?) die Qualität mit dem Alter bis zum 170. Jahre steigert, dann aber mit sinkendem Flächenzuwachse schnell sinkt. Perioden verminderten Zuwachses, z. B. im 53—82. Lebensjahre haben Minderung der Qualität zur Folge, in anderen Fällen, z. B. im 91—110. Lebensjahre, steigt die Qualität auch trotz etwas geringeren Quantitätszuwachses.

Tyroler Lärche aus einer Hochlage über 1000 m, von
ca. 190 jährigem Alter und 19 cm Durchmesser.

Alter	Jahrringbreite mm	Jährlicher Flächen- zuwachs qcm	Specifisches Trocken- gewicht
181—190 (10)	0,27 Splint	1,592	49,9
171—180 (10)	0,50 „	2,827	51,0
161—170 (10)	0,70 Kern	3,694	77,9
151—160 (10)	0,65 „	3,145	75,9
131—150 (20)	0,50 „	2,168	75,1
111—130 (20)	0,50 „	1,854	70,7
91—110 (20)	0,55 „	1,676	65,1
83— 90 (8)	1,12 „	2,721	63,2
53— 82 (30)	0,27 „	0,503	61,5
33— 52 (20)	0,70 „	0,836	63,1
21— 32 (10)	1,0 „	0,377	58,8
Durchschnitt (170)	**0,56**	**1,675**	**67,4**

Recht ersichtlich ist aber, wie völlig zusammenhangslos die Qualität und die Jahrringbreite sind.

Bei dem Vergleiche der Qualität der beiden letzten 10 jährigen Perioden mit der der vorhergegangenen Altersperioden darf aber nicht übersehen werden, dass dieselbe aus Splintholz besteht und durch den Process der Verkernung in der Folge noch eine Verbesserung erfährt.

Sehr deutlich tritt auch aus der nachfolgenden Zusammenstellung bei einer 235 jährigen Kiefer der Zusammenhang zwischen Massenzuwachs und Güte des Holzes hervor.

235 jährige Kiefer aus Geisenfeld.

A l t e r	Jahrringbreite mm	Jährlicher Flächen- zuwachs qcm	Substanz- menge per 100 cc Frisch- volumen	Specifisches Trocken- gewicht	Schwinden pCt.
1,3 m. Südseite. Rad. 25,8.					
191—235 (45)	0,8 Splint	12,062	45,8	54,4	15,7
158—190 (33)	1,0 „	12,912	47,3	55,0	13,9
130—157 (28)	1,4 Mitte	15,169	50,0	58,4	14,3
97—129 (33)	1,5 Kern	11,424	49,8	58,9	15,5
67— 96 (30)	2,4 „	9,610	49,0	57,1	14,2
28— 66 (39)	0,8 „	0,825 verkient	(55,6)	(63,6)	12,5
Durchschnitt	**1,24**	**10,054**	**48,5**	**56,9**	**14,7**
1,3 m. Nordseite. Rad. 26,6.					
189—235 (47)	0,5 Splint	8,295	40,5	45,7	11,4
152—188 (37)	0,8 „	11,513	44,3	51,1	13,3
132—151 (20)	1,2 Mitte	15,005	48,3	55,8	13,4
114—131 (18)	1,8 Kern	19,640	48,4	55,5	12,8
88—113 (26)	2,3 „	17,979	47,7	55,5	13,9
58— 87 (30)	2,4 „	8,747 verkient	(49,4)	(57,6)	14,3
30— 57 (28)	0,8 „	0,543 verkient	(51,1)	(56,5)	9,5
Durchschnitt	**1,29**	**10,791**	**46,9**	**54,1**	**14,1**
5,5 m. Südseite. Rad. 15,9.					
172—235 (64)	0,6 Splint	5,458	38,4	42,7	10,2
136—171 (36)	0,7 Mitte	4,315	42,2	48,2	12,5
101—135 (35)	0,9 Kern	4,362	49,2	55,2	10,9
74—100 (27)	1,3 „	4,021	48,0	56,6	15,2
62— 73 (12)	2,5 „	2,356	47,4	55,7	15,0
Durchschnitt	**0,91**	**4,564**	**43,6**	**49,6**	**12,1**
5,5 m. Nordseite. Rad. 25,2.					
173—235 (63)	0,6 Splint	9,043	38,2	46,5	17,7
143—172 (30)	0,7 Mitte	9,308	41,6	48,4	13,8
117—142 (26)	1,5 Kern	16,530	47,0	55,4	13,4
93—116 (24)	2,3 „	17,530	48,0	57,2	13,4
71— 92 (22)	4,4 „	13,436	46,7	55,3	15,6
Durchschnitt	**1,53**	**12,091**	**44,2**	**52,1**	**15,2**

Mit dem Sinken des Zuwachses in den letzten Perioden vermindert sich auch in auffallender Weise die Qualität des Holzes.

Ohne zunächst auf die Frage einzugehen, ob und welchen Einfluss auf die Qualität des Holzes die Richtung zur Himmelsgegend ausübt, geben die obigen sowie die nachfolgenden Zusammenstellungen zugleich zu erkennen, dass das Holz von unten nach oben an Qualität abnimmt. Bei allen nicht unterdrückten Bäumen tritt dies Gesetz gleichmässig scharf hervor und erklärt sich in einfacher Weise.

Die Abnahme der Qualität von unten nach oben steht im Zusammenhange mit der Abnahme des Massenzuwachses nach oben. Die Seite 35 besprochene und so auffällige Verschiebung der cambialen Thätigkeit der unteren Baumregionen in die bessere Jahreszeit hat nicht allein zur Folge, dass mehr Holz, sondern auch, dass besseres Holz dort erzeugt wird. Wir werden später bei den Zusammenstellungen der Untersuchungen zahlreicher Bäume verschiedener Bestände sehen, dass die Abnahme der Qualität von unten nach oben die allgemeine Regel ist, die nur Ausnahmen erleidet bei sehr dicht geschlossenen Beständen und unterdrückten Bäumen.

Auch drei aus dem Nürnberger Reichswalde stammende Kiefern bestätigen das Gesagte in vollstem Maasse. Mit der schon nach dem 30—40. Lebensjahre in allen Baumhöhen abnehmenden Zuwachsgrösse geräth die Qualität des Holzes ins Sinken, welches sofort ins Gegentheil umschlägt, sobald periodisch, wie z. B. in der letzten 10 jährigen Periode der Zuwachs wieder steigt.

A. 85 jährige Kiefer aus dem Nürnberger Reichswalde.

Alter	Jahrringbreite	Jährlicher Flächenzuwachs	Substanzmenge pro 100 cc Frischvolumen	Specifisches Trockengewicht	Schwinden pCt.
		1½ m Höhe. Radius 12,25 cm.			
76—85	0,65 Splint	4,870	42,5	48,2	11,7
66—75	0,55 „	3,914	37,8	43,7	13,5
44—65	0,63 „	4,138	40,7	46,4	12,5
34—43	1,3 „	7,351	44,9	51,2	12,3
24—33	1,7 Mitte	8,011	47,6	53,8	11,6
14—23	2,4 Kern	8,219	47,2	51,1	8,3
6—13	4,62 „	6,974	43,4	47,2	8,3
Durchschnitt	**1,46**	**5,893**	**44,0**	**48,8**	**9,8**
		6 m Höhe. Radius 9,5 cm.			
76—85	0,55 Splint	3,188	35,4	39,6	10,3
66—75	0,55 „	2,998	33,3	37,1	10,1
44—65	0,68 „	3,280	37,2	41,5	10,3
34—43	1,3 „	5,105	40,2	45,3	13,1
24—33	2,25 Kern	6,326	39,0	43,2	9,9
15—23	3,60 „	3,911	37,4	40,8	8,3
Durchschnitt	**1,31**	**3,993**	**37,6**	**41,8**	**10,1**

B. 90jährige Kiefer aus dem Nürnberger Reichswalde.

Alter	Jahrringbreite	Jährlicher Flächenzuwachs	Substanzmenge pro 100 cc Frischvolumen	Specifisches Trockengewicht	Schwinden pCt.
1½ m Höhe. Radius 13,5 cm.					
81—90	0,55 Splint	4,570	35,8	40,4	11,7
61—80	0,58 „	4,471	34,4	38,7	11,1
41—60	1,1 „	7,395	36,4	41,0	11,3
31—40	2,2 Kern	11,750	42,3	46,8	9,6
21—30	2,1 „	8,379	40,8	46,0	11,3
7—20	3,6 „	8,796	39,9	44,2	9,7
Durchschnitt	**1,61**	**6,816**	**38,6**	**43,2**	**10,6**
6 m Höhe. Radius 12,0 cm.					
81—90	0,8 Splint	5,831	33,0	37,1	11,1
61—80	0,75 „	4,925	32,0	35,8	10,4
41—60	1,2 „	6,409	33,1	37,3	11,2
31—40	2,1 Kern	8,246	37,5	41,8	10,3
21—30	2,8 „	6,686	38,1	42,9	11,3
15—20	4,0 „	3,015	34,3	38,0	9,9
Durchschnitt	**1,58**	**5,952**	**34,6**	**38,8**	**10,8**

C. 92jährige Kiefer aus dem Nürnberger Reichswalde.

Alter	Jahrringbreite	Jährlicher Flächenzuwachs	Substanzmenge pro 100 cc Frischvolumen	Specifisches Trockengewicht	Schwinden pCt.
1½ m. Südseite. Radius 16,0 cm.					
80—92	1,0 Splint	9,644	50,2	58,9	14,9
70—79	0,5 „	4,540	42,4	49,7	14,7
60—69	1,0 „	8,608	49,9	59,5	15,5
50—59	1,3 „	10,251	50,8	59,3	14,2
41—49	0,8 „	5,644	43,6	50,1	13,0
31—40	1,8 Kern	11,649	47,5	53,8	11,8
21—30	2,2 „	11,473	42,6	48,3	11,9
6—20	4,5 „	10,824	38,7	43,0	9,8
Durchschnitt	**1,79**	**9,244**	**45,5**	**52,2**	**12,8**
1½ m. Nordseite. Radius 15,5 cm.					
80—92	0,85 Splint	7,948	46,9	55,1	13,9
70—79	0,4 „	3,569	40,0	45,4	11,8
60—69	1,0 „	8,482	48,7	57,7	15,5
50—59	1,4 „	10,820	52,8	59,6	11,3
41—49	0,9 „	6,255	46,5	53,5	13,0
31—40	1,8 Kern	11,196	50,9	58,1	12,4
21—30	2,2 „	10,920	45,3	51,1	11,4
6—20	4,2 „	10,336	42,7	46,9	9,0
Durchschnitt	**1,52**	**8,880**	**47,3**	**53,8**	**12,1**

C. 92jährige Kiefer aus dem Nürnberger Reichswalde.

A l t e r	Jahrringbreite	Jährlicher Flächen- zuwachs	Substanz- menge pro 100 cc Frisch- volumen	Specifisches Trocken- gewicht	Schwinden pCt.
1½ m. Westseite. Radius 13,6 cm.					
80—92	0,85 Splint	6,938	50,0	59,1	14,0
70—79	0,45 „	3,470	43,9	53,6	15,1
60—69	0,75 „	5,502	50,2	58,8	14,6
50—59	0,9 „	6,136	50,2	57,2	12,2
41—49	0,77 „	4,911	45,2	52,7	14,3
31—40	1,5 Kern	8,435	52,4	59,6	12,1
21—30	1,7 „	7,851	45,4	51,1	11,2
9—20	4,64 „	9,480	38,7	43,0	10,1
Durchschnitt	**1,58**	**6,756**	**45,6**	**52,0**	**14,1**
1½ m. Ostseite. Radius 13,7 cm.					
80—92	1,0 Splint	8,199	50,7	59,5	14,9
70—79	0,4 „	3,066	43,4	48,5	10,5
60—69	0,7 „	5,125	50,2	59,1	15,0
50—59	1,3 „	8,699	(56,6) kienig	(65,1) kienig	13,1
41—49	0,77 „	4,716	(63,9) kienig	(74,6) kienig	11,1
31—40	1,8 Kern	9,501	(56,9) kienig	(65,5) kienig	13,0
21—30	2,0 „	8,168	45,4	51,5	11,6
9—20	4,58 „	7,919	41,6	47,0	11,6
Durchschnitt	**1,63**	**7,019**	**50,6**	**58,2**	**13,0**
6 m. Südseite. Radius 14,0 cm.					
80—92	1,0 Splint	8,388	45,2	51,5	13,5
70—79	0,5 „	3,912	37,8	42,8	11,7
60—69	0,9 „	6,644	43,9	51,5	14,5
50—59	1,4 „	9,324	44,7	51,9	13,9
41—49	0,9 Mitte	5,306	44,0	50,0	12,0
31—40	2,3 Kern	11,489	43,3	48,7	11,4
21—30	4,0 „	12,063	41,0	45,7	10,4
15—20	4,2 „	4,073	39,3	43,7	10,0
Durchschnitt	**1,79**	**7,894**	**43,0**	**48,9**	**13,9**
6 m. Nordseite. Radius 13,5 cm.					
80—92	1,2 Splint	7,481	40,2	46,2	13,0
70—79	0,6 „	4,524	36,8	41,0	10,4
60—69	0,8 „	5,680	41,4	47,7	13,3
50—59	1,2 „	7,766	41,8	49,0	14,7
41—49	0,7 Mitte	4,569	38,5	44,6	13,7
31—40	2,1 Kern	10,490	41,3	46,1	10,4
21—30	4,1 „	12,494	38,7	43,5	11,0
15—20	2,8 „	4,105	37,7	41,8	9,8
Durchschnitt	**1,73**	**7,340**	**40,0**	**45,5**	**13,9**

C. 92jährige Kiefer aus dem Nürnberger Reichswalde.

Alter	Jahrringbreite	Jährlicher Flächen- zuwachs	Substanz- menge pro 100 cc Frisch- volumen	Specifisches Trocken- gewicht	Schwinden pCt.
		6 m Höhe. Westseite. Radius 11,9 cm.			
80—92	0,77 Splint	5,510	43,2	49,6	12,9
70—79	0,50 „	3,346	38,5	43,7	11,8
60—69	0,8 „	5,026	42,8	49,0	12,7
50—59	1,2 „	6,786	42,2	49,0	13,8
41—49	0,77 „	3,934	40,2	44,4	9,4
31—40	1,9 Kern	8,058	41,1	46,6	11,9
21—30	3,2 „	8,444	38,9	43,4	11,2
15—20	4,33 „	3,540	39,4	44,3	10,8
Durchschnitt	**1,53**	**5,703**	**40,8**	**46,4**	**12,0**
		6 m Höhe. Ostseite. Radius 12,5 cm.			
80—92	0,85 Splint	6,353	39,1	44,2	11,7
70—79	0,45 „	3,160	34,7	39,6	12,5
60—69	0,70 „	4,662	38,9	44,1	11,8
50—59	1,10 „	6,704	41,8	49,8	14,3
41—49	0,83 „	4,594	38,4	42,7	10,0
31—40	2,0 Kern	9,299	41,4	47,2	12,3
21—30	3,70 „	10,578	39,3	44,7	11,9
15—20	4,50 „	3,816	38,8	43,2	10,0
Durchschnitt	**1,60**	**6,293**	**39,6**	**45,1**	**12,3**

Die Entartung des Bodens durch übertriebenes Streuwehen tritt hier in recht auffallend ungünstiger Weise zu Tage. Die bessere Qualität des Holzes der letzten zehn Jahre steht im Zusammenhange mit einer stärkeren Licht-stellung in Folge von Schneebruchbeschädigung.

Die Abnahme der Holzgüte nach oben ist auch bei diesen Bäumen eine sehr in die Augen tretende.

Die nachfolgende Zusammenstellung giebt Zuwachsgang und Qualität einer 80jährigen Kiefer, welche zwischen Fichten eingesprengt seit 40 Jahren etwa stark überwachsen und unterdrückt worden ist.

80jährige Kiefer, seit 40 Jahren stark unterdrückt. Forst Kasten.

Alter	Jahrringbreite	Jährlicher Flächen- zuwachs	Substanz- menge pro 100 cc Frisch- volumen	Specifisches Trocken- gewicht	Schwinden pCt.
		1,3 m Höhe. Lange Seite. Radius 17,05.			
61—80 (20)	0,125 Splint	1,329	32,6	34,9	6,7
52—60 (9)	0,22 „	2,331	32,7	35,7	8,3

80jährige Kiefer, seit 40 Jahren stark unterdrückt. Forst Kasten.

Alter	Jahrringbreite	Jährlicher Flächen-zuwachs	Substanz-menge pro 100 cc Frisch-volumen	Specifisches Trocken-gewicht	Schwinden pCt.
43—51 (9)	0,77 Splint	7,942	36,1	37,6	8,3
33—42 (10)	2,70 „	24,683	38,6	42,9	9,9
28—32 (5)	4,6 Kern	34,828	50,3 harzig	54,2	7,3
23—27 (5)	5,4 „	32,402	49,0 harzig	52,2	6,0
18—22 (5)	5,4 „	23,242	46,7 harzig	50,3	7,1
10—17 (8)	6,9 „	11,878	48,4 harzig	50,8	5,0
Durchschnitt	**2,40**	**12,862**	**43,9**	**47,5**	**7,6**

1,3 m Höhe. Kurze Seite. Radius 13,05

Alter	Jahrringbreite	Jährlicher Flächen-zuwachs	Substanz-menge pro 100 cc Frisch-volumen	Specifisches Trocken-gewicht	Schwinden pCt.
53—80 (20)	0,10 Splint	0,813	34,1	36,6	7,0
44—52 (9)	0,39 „	3,098	34,3	37,0	7,3
33—43 (11)	1,82 „	13,137	37,4	42,9	12,8
28—32 (5)	3,4 Kern	20,616	38,9	42,9	9,3
23—27 (5)	5,0 „	23,718	37,1	39,8	7,1
18—22 (5)	5,0 „	15,866	39,2	42,0	8,1
12—17 (6)	6,3 „	7,560	47,7 harzig	51,4	7,0
Durchschnitt	**1,84**	**7,535**	**38,8**	**42,7**	**9,1**

7 m Höhe. Lange Seite. Radius 12,0.

Alter	Jahrringbreite	Jährlicher Flächen-zuwachs	Substanz-menge pro 100 cc Frisch-volumen	Specifisches Trocken-gewicht	Schwinden pCt.
61—80 (20)	0,30 Splint	2,205	35,9	39,5	9,1
52—60 (9)	1,33 „	9,048	36,7	39,8	7,7
43—51 (9)	1,90 „	11,097	34,6	39,6	12,6
38—42 (5)	4,4 Kern	20,458	36,8	41,0	10,2
33—37 (5)	4,6 „	14,884	35,1	38,3	8,2
25—32 (8)	5,0 „	6,259	37,2 harzig	40,2	7,4
Durchschnitt	**2,14**	**8,078**	**35,9**	**39,8**	**9,8**

7 m Höhe. Kurze Seite. Radius 8,05.

Alter	Jahrringbreite	Jährlicher Flächen-zuwachs	Substanz-menge pro 100 cc Frisch-volumen	Specifisches Trocken-gewicht	Schwinden pCt.
61—75 (15)	0,133 Splint	0,666	31,7	35,1	9,7
52—60 (9)	0,28 „	1,348	28,5	32,6	12,5
43—51 (9)	1,11 „	4,957	34,8	38,6	9,9
38—42 (5)	3,0 Kern	11,028	37,0	41,7	11,3
33—37 (5)	3,0 „	8,200	33,8	36,9	8,1
24—32 (9)	4,0 „	4,523	36,6 harzig	39,1	7,9
Durchschnitt	**1,44**	**3,635**	**35,2**	**39,0**	**9,8**

Was zunächst den Massenzuwachs betrifft, so zeigt die lange Seite auf Brusthöhe 8 Jahresringe mehr, als die kurze Seite, auf 7 m Baumhöhe hat die lange Seite noch um 5 Ringe mehr, als die kurze Seite.

Es liegt in dieser Erscheinung eine interessante Bestätigung meiner älteren Beobachtungen, aus denen hervorging, dass in Folge starker Unterdrückung in den unteren Baumtheilen gar kein Zuwachs mehr erfolgt. Das Aussetzen der Jahrringbildung hat an diesem Baume, der sehr nahe an einer überschirmenden Fichte stand, nur auf der Seite stattgefunden, welche der Fichte zugekehrt ist. Der geringe Zuwachs der langen Seite, der nur noch 0,1 mm Ringbreite beträgt, ist von minimaler Qualität und zeigt ein specifisches Trockengewicht von 34,9, ja auf 7 m Höhe ist zuletzt Holz von 32,6 specifischem Gewicht erzeugt worden. Auf der langen, also der der beasteten Seite der Krone entsprechenden Seite ist die Zuwachsform entsprechend den unterdrückten Bäumen, d. h. seit 40 Jahren von oben nach unten an Masse abnehmend. Dem entsprechend nimmt in dieser Zeit auch die Qualität von oben nach unten ab, während vor der Periode der Unterdrückung Masse und Qualität nach unten zunahm.

Im Anschluss an die vorstehend besprochene unterdrückte Kiefer gebe ich nachstehend die Ergebnisse der Untersuchung einer 70jährigen stark unterdrückten Fichte.

70jährige sehr stark unterdrückte Fichte von 9 m Höhe und 10,35 cm Durchmesser.

Alter	Jahrringbreite mm	Jährlicher Flächenzuwachs qcm	Substanzmenge pro 100 cc Frischvolumen	Specifisches Trockengewicht	Schwinden pCt.
$1^1/_2$ m Höhe. Südseite. Radius 5,7 cm.					
51—70 (17)	0,12	0,352	43,7	48,2	9,4
44—50 (7)	0,29	0,970	45,5	52,5	13,3
34—43 (10)	0,80	1,463	48,2	53,3	9,5
14—33 (20)	2,25	3,185	37,4	40,4	9,3
Durchschnitt	**1,02**	**1,890**	**41,0**	**45,0**	**9,7**
$1^1/_2$ m Höhe. Nordseite. Radius 4,65 cm.					
51—70 (17)	0,12	0,286	41,8	46,1	9,4
44—50 (7)	0,36	0,970	43,8	50,0	12,5
34—43 (10)	0,40	1,006	44,2	49,2	10,2
14—33 (20)	1,90	2,268	38,8	43,6	11,1
Durchschnitt	**0,86**	**1,258**	**40,3**	**45,3**	**10,9**
Durchschnitt von Süd und Nord		**1,574**	**40,7**	**45,2**	**10,3**
6,7 m Höhe. Südseite. Radius 3,1 cm.					
51—70 (20)	0,15	0,278	41,0	46,4	11,5
44—50 (7)	0,71	1,144	41,4	48,2	14,1
34—43 (10)	1,1	1,210	44,2	47,6	7,1
28—33 (6)	2,0	0,754	52,2	55,4	5,5
Durchschnitt	**0,72**	**0,702**	**43,8**	**48,7**	**9,9**

70jährige sehr stark unterdrückte Fichte von 9 m Höhe und 10,35 cm Durchmesser.

Alter	Jahrringbreite	Jährlicher Flächen-zuwachs	Substanz-menge pro 100 cc Frisch-volumen	Specifisches Trocken-gewicht	Schwinden pCt.
		6,7 m Höhe. Nordseite. Radius 3,2 cm.			
51—70 (20)	0,15	0,282	42,3	47,4	10,9
44—50 (7)	0,64	1,061	44,2	50,1	11,7
34—43 (10)	1,2	1,357	43,2	47,2	8,6
28—33 (6)	2,0	0,754	47,4	51,8	8,3
Durchschnitt	**0,74**	**0,725**	**43,8**	**48,6**	**9,7**
Durchschnitt von Süd und Nord	**0,714**		**43,8**	**48,6**	**9,8**

Auch an diesem Baume war seit einer Reihe von Jahren kein Zuwachs mehr im unteren Baumtheile erfolgt. Die Unterdrückung hat schon seit dem 33. Lebensjahre stattgefunden, da seit dieser Zeit der Massenzuwachs schnell in der Abnahme begriffen ist.

Ich werde später bei Besprechung des Einflusses der Erziehungsart auf die Qualität des Holzes erklären, wie es kommt, dass bei unterdrückten Bäumen trotz geringeren Quantitätszuwachses die Qualität eine relativ grosse ist. Allerdings nimmt dieselbe vom 43. Lebensjahre an bei der unterdrückten Fichte entsprechend der Zuwachsminderung ab, bleibt aber im Ganzen doch höher als bei frei erwachsenen Bäumen.

Im Gegensatze zu der Qualitätsveränderung bei abnehmender Zuwachsgrösse haben wir noch auf den Einfluss des Lichtungszuwachses hinzuweisen. So lange die Steigerung der Zuwachsgrösse Folge der mit dem Alter sich allmälig vergrössernden Baumkrone und Wurzel ist, erfolgt, wie wir gesehen haben, eine regelmässige Steigerung der Qualität. Von wissenschaftlichem Interesse und wirthschaftlicher Bedeutung ist es, zu constatiren, dass auch dann die Qualität steigt, wenn in höherem Alter in Folge von starken Durchforstungen und Lichtungshieben oder oft sogar nach völligen Freistellungen der Zuwachs plötzlich bedeutend gehoben wird.

Es mag hier zunächst die Zusammenstellung der Untersuchungsresultate an einer 60jährigen, seit 10 Jahren völlig frei gestellten Fichte des Kranzberger Forstes folgen. Weitere Mittheilungen folgen Seite 68.

In Folge der Freistellung und mit Entwickelung einer reich benadelten Krone ist der Zuwachs so bedeutend gestiegen, dass auf Brusthöhe in den letzten 5 Jahren der dreifache Zuwachs von dem erfolgte, der 10 Jahre zuvor sich ergab. Bei 6,7 m Höhe hat sich der Zuwachs verdoppelt, bei 11,9 m Höhe ist er auf das Einundeinhalbfache gestiegen.

60jährige dominirende, im Bestande erwachsene, vor 20 Jahren licht, seit 10 Jahren völlig frei gestellte Fichte.

Alter	Jahrringbreite mm	Jährlicher Flächenzuwachs qcm	Substanzmenge pro 100 cc Frischvolumen	Specifisches Trockengewicht	Schwinden pCt.
$1^{1/2}$ m Höhe. Südseite. Radius 14,2 cm.					
56—60 (5)	4,0	33,176	39,6	46,6	14,9
51—55 (5)	3,0	21,582	39,0	45,7	14,8
41—50 (10)	2,0	12,190	37,7	44,1	14,7
31—40 (10)	2,0	9,676	38,8	45,5	14,7
21—30 (10)	2,5	8,560	36,9	41,9	12,1
11—20 (10)	4,2	5,542	33,7	38,2	11,8
Durchschnitt	**2,84**	**12,669**	**38,9**	**43,9**	**14,0**
$1^{1/2}$ m. Nordseite. Radius 19,6 cm.					
56—60 (5)	6,4	72,382	35,3	42,2	16,3
51—55 (5)	4,6	44,076	34,7	40,2	13,7
41—50 (10)	3,1	24,445	35,2	39,6	11,1
31—40 (10)	2,7	16,371	36,3	41,3	12,0
21—30 (10)	3,6	14,702	34,5	38,5	10,4
11—20 (10)	4,7	6,940	31,1	35,6	12,5
Durchschnitt	**3,92**	**24,137**	**35,0**	**40,0**	**12,5**
Durchschnitt von Nord und Süd		**18,403**	**36,4**	**42,0**	**13,3**
6,7 m. Südseite. Radius 11,0 cm.					
56—60 (5)	2,4	15,682	39,1	45,5	14,0
51—55 (5)	2,6	14,948	36,7	43,4	15,3
41—50 (10)	2,1	9,830	37,5	43,6	14,0
31—40 (10)	2,3	7,587	38,2	44,4	14,1
20—30 (11)	3,7	6,897	36,7	42,0	12,9
Durchschnitt	**2,68**	**9,271**	**38,3**	**44,5**	**14,0**
6,7 m. Nordseite. Radius 14,1 cm.					
56—60 (5)	4,4	35,940	36,9	43,8	15,7
51—55 (5)	3,2	22,518	35,6	41,1	15,5
41—50 (10)	2,7	15,083	34,5	40,3	14,0
31—40 (10)	3,4	12,604	32,8	37,4	12,5
20—30 (11)	4,7	6,169	32,5	35,5	8,3
Durchschnitt	**3,62**	**16,020**	**34,6**	**39,6**	**13,1**
Durchschnitt von Nord und Süd		**12,646**	**36,4**	**42,1**	**13,5**
11,9 m. Südseite. Radius 10,2 cm.					
56—60 (5)	2,0	12,190	35,4	40,4	12,5
51—55 (5)	1,8	9,896	35,3	39,5	10,8
41—50 (10)	2,3	10,132	33,7	38,4	12,3
26—40 (15)	4,0	7,540	32,4	36,7	10,7
Durchschnitt	**2,91**	**9,338**	**33,7**	**38,0**	**11,5**

60jährige dominirende, im Bestande erwachsene, vor 20 Jahren
licht, seit 10 Jahren völlig frei gestellte Fichte.

A l t e r	Jahrringbreite	Jährlicher Flächenzuwachs	Substanzmenge pro 100 cc Frischvolumen	Specifisches Trockengewicht	Schwinden pCt.
11,9 m Höhe. Nordseite. Radius 12,7 cm.					
56—60 (5)	3,4	25,316	36,7	43,8	15,5
51—55 (5)	3,0	19,320	37,6	43,8	14,3
41—50 (10)	3,0	15,080	35,1	40,6	13,7
26—40 (15)	4,33	8,849	32,9	37,8	12,9
Durchschnitt	**3,63**	**14,450**	**35,3**	**41,0**	**13,9**
Durchschnitt von Süd und Nord		**11,894**	**34,5**	**39,5**	**12,7**

Vergleicht man mit dem Quantitätszuwachs die Qualitätsveränderung,
so wird es zunächst auffallen, dass zwar auch die Qualität in den letzten
5 Jahren das Maximum erreicht, dass aber die Steigerung gewissermaassen
eine normale, der plötzlichen Zuwachsvergrösserung nicht entsprechende ist.
Auf einen aus geschlossenem Bestande plötzlich frei gestellten Baum wirken
zwei Factoren, welche bezüglich der Qualität des Lichtungszuwachses einander bekämpfen. Die Verbesserung der Ernährung sucht entsprechend der
Zunahme des Zuwachses auch die Qualität zu steigern. Die directe Insolation des Baumes und des Bodens veranlasst ein oft um mehr als 4 Wochen
früheres Erwachen der cambialen Thätigkeit und damit Erzeugung reichlichen
Frühjahrsholzes. Dadurch sinkt aber die Qualität. Die beiden einander sich
bekämpfenden Einflüsse haben in der ersten 5 jährigen Periode des Lichtstandes oder schon vorher in Folge der Lichtung durch Vorbereitungshiebe
einen kleinen Rückgang in der Qualitat veranlasst, der aber in der letzten
Wuchsperiode wieder überwunden ist. Holz von 4 mm Ringbreite zeigt im
Lichtungszuwachse ein specifisches Gewicht von 46,6, während in der Jugend
bei 4,2 mm Ringbreite Holz von 38,2 Gewicht erzeugt wurde. Der günstige
Einfluss einer stärkeren Durchforstung resp. Durchlichtung tritt auch sehr
deutlich aus den Zahlen der nachfolgenden Zusammenstellungen hervor.

Die 45 jährigen, also noch sehr jugendlichen Lärchen des Nürnberger
Reichswaldes stehen noch völlig unter dem Einflusse der in der Jugend prävalirenden Tendenz zunehmender Qualität selbst bei vorübergehender Quantitätsverminderung, die bei dem ersten Stamme in Folge dichten Standes
vor der letzten 5 jährigen Periode sich zu erkennen giebt. Eine stärkere
Durchforstung vor 5 Jahren hat den Zuwachs dieses Baumes in Quantität
und Qualität bedeutend gehoben. Bei Beurtheilung der Qualitätsziffern darf

nicht unberücksichtigt bleiben, dass gerade in hervorragendstem Maasse bei der Lärche die Verkernung eine bedeutende Gewichtszunahme des Holzes herbeiführt.

A. 45jährige Lärche aus dem Nürnberger Reichswalde.

Alter	Jahrringbreite	Jährlicher Flächen- zuwachs	Substanz- menge pro 100 cc Frisch- volumen	Specifisches Trocken- gewicht	Schwinden pCt.
1½ m Höhe. Südseite. Radius 10,0 cm.					
41—45	1,4 Splint	8,490	49,1	57,7	14,9
36—40	0,6 „	3,448	48,3	55,3	12,5
31—35	1,0 „	5,498	48,5	58,5	17,0
26—30	1,2 „	6,182	51,1	60,4	15,4
21—25	2,2 Kern	10,160	48,5	56,2	13,8
11—20	4,0 „	12,064	45,6	51,4	11,2
7—10	6,5 „	6,157	42,9	47,1	9,1
Durchschnitt	2,56	8,055	47,3	54,5	13,0
1½ m Höhe. Nordseite. Radius 11,0 cm.					
41—45	1,4 Splint	9,368	47,9	58,2	17,9
36—40	0,8 „	5,076	44,6	53,5	16,6
31—35	1,8 „	10,688	50,3	58,6	14,1
26—30	1,8 Kern	9,670	54,8	61,1	10,4
21—25	2,2 „	10,436	51,2	58,8	12,9
11—20	3,9 „	12,375	46,8	53,9	13,0
7—10	7,0 „	7,477	42,1	46,4	9,4
Durchschnitt	2,82	9,747	47,6	54,7	12,9
1½ m Höhe. Westseite. Radius 12,3 cm.					
41—45	2,2 Splint	16,242	55,4	62,1	10,7
36—40	1,0 „	6,880	51,1	59,7	14,3
31—35	2,8 Kern	17,594	61,5	66,4	7,4
26—30	1,8 „	10,008	58,4	66,9	12,8
21—25	2,8 „	13,546	52,3	58,9	11,2
11—20	4,6 „	13,585	45,5	51,3	11,2
7—10	6,0 „	4,522	41,4	44,4	7,5
Durchschnitt	3,15	12,178	52,4	58,7	10,7
1½ m Höhe. Ostseite. Radius 9,5 cm.					
41—45	1,4 Splint	8,050	48,1	58,7	18,1
36—40	0,7 „	3,792	46,3	57,3	19,1
31—35	1,2 „	6,146	48,6	58,5	17,4
26—30	1,2 „	5,692	54,3	66,4	14,3
21—25	2,2 Kern	9,262	51,3	59,9	14,3
11—20	3,7 „	10,996	49,3	54,8	10,0
7—10	6,0 „	4,715	41,6	45,4	8,3
Durchschnitt	2,44	7,270	49,2	56,8	13,4
Durchschnitt von S., N., W., O.	2,74	9,312	49,1	56,2	12,5

A. 45jährige Lärche aus dem Nürnberger Reichswalde.

Alter	Jahrringbreite	Jährlicher Flächen-zuwachs	Substanz-menge pro 100 cc Frisch-volumen	Specifisches Trocken-gewicht	Schwinden pCt.
10 m Höhe. Südseite. Radius 8,1 cm.					
41—45	2,0 Splint	9,550	46,2	53,3	13,4
36—40	1,2 „	5,128	47,4	53,8	11,8
31—35	2,0 Mitte	7,540	46,4	53,4	12,9
26—30	3,2 Kern	9,450	48,0	54,5	11,8
18—25	4,87 „	5,972	40,2	44,6	9,9
Durchschnitt	**2,89**	**7,361**	**45,5**	**51,7**	**11,9**
10 m Höhe. Nordseite. Radius 7,0 cm.					
41—45	1,8 Splint	7,408	43,3	51,6	16,1
36—40	0,6 „	2,244	38,0	43,4	12,5
31—35	1,6 „	5,428	42,5	48,8	7,6
26—30	2,4 Kern	6,636	44,9	50,3	10,6
18—25	4,75 „	5,670	41,4	45,1	8,2
Durchschnitt	**2,50**	**5,498**	**42,5**	**48,0**	**11,4**
10 m Höhe. Westseite. Radius 9,4 cm.					
41—45	2,4 Splint	13,270	49,4	58,3	15,2
36—40	1,2 „	5,956	48,7	56,9	14,5
31—35	2,0 Mitte	8,922	52,9	58,7	9,7
26—30	4,4 Kern	15,206	46,8	52,1	10,2
18—25	5,5 „	7,602	40,9	44,7	8,6
Durchschnitt	**3,36**	**9,914**	**47,0**	**52,9**	**11,2**
10 m Höhe. Ostseite. Radius 7,0 cm.					
41—45	1,2 Splint	5,052	44,8	55,4	19,2
36—40	0,8 „	3,118	46,1	56,3	18,2
31—35	2,0 „	6,910	43,6	51,7	15,6
26—30	2,6 Kern	7,108	48,8	54,6	10,7
18—25	5,3 „	7,037	40,5	45,0	10,0
Durchschnitt	**2,50**	**5,498**	**44,9**	**52,1**	**13,9**
Durchschnitt von S., N., W., O.	**2,56**	**7,068**	**45,0**	**51,2**	**12,1**
B. 1½ m Höhe. Westseite. Radius 11,5 cm.					
41—45	1,4 Splint	9,810	60,3	66,2	8,9
36—40	1,4 „	9,192	57,6	63,4	9,0
31—35	1,6 „	9,750	60,6	65,0	6,8
26—30	0,8 „	4,576	56,3	59,0	4,4
16—25	3,4 Kern	15,381	49,8	54,1	8,0
6—15	5,5 „	9,503	36,3	40,0	8,8
Durchschnitt	**2,87**	**10,387**	**50,9**	**55,3**	**8,0**

B. 45jährige Lärche aus dem Nürnberger Reichswalde.

Alter	Jahrringbreite	Jährlicher Flächen-zuwachs	Substanz-menge pro 100 cc Frisch-volumen	Specifisches Trocken-gewicht	Schwinden pCt.
1½ m Höhe. Ostseite. Radius 7,2 cm.					
36—45	0,45 Splint	1,972	48,8	56,7	14,0
26—35	0,45 „	1,845	44,8	53,8	16,6
16—25	2,1 Mitte	6,927	52,9	60,4	12,4
6—15	4,2 Kern	5,542	46,7	53,2	12,2
Durchschnitt	**1,80**	**4,071**	**49,2**	**56,7**	**13,8**
10 m Höhe. Ostseite. Radius 6,55 cm.					
36—45	1,9 Splint	6,685	43,8	51,0	14,1
31—35	1,4 „	3,782	43,3	50,5	14,3
26—30	1,5 Kern	3,370	49,4	56,6	12,7
18—25	4,0 „	4,021	44,5	49,8	10,5
Durchschnitt	**2,34**	**4,813**	**44,9**	**51,3**	**12,3**
C. 1½ m Höhe. Westseite. Radius 14,5 cm.					
41—45	2,2 Splint	19,284	49,1	58,0	15,2
36—40	2,0 „	16,210	46,9	55,7	15,7
31—35	2,6 Mitte	19,194	50,0	56,9	12,1
26—30	2,2 Kern	14,584	53,2	60,3	11,6
16—25	4,8 „	22,921	49,7	55,4	10,3
5—15	4,7 „	7,722	43,1	48,9	12,0
Durchschnitt	**3,54**	**16,110**	**49,0**	**55,9**	**12,3**
1½ m Höhe. Ostseite. Radius 10,4 cm.					
41—45	0,8 Splint	5,126	44,7	50,9	12,2
36—40	1,0 „	6,126	44,3	50,2	11,8
31—35	1,4 „	8,050	43,6	50,3	13,3
26—30	1,4 Mitte	7,432	49,9	55,8	10,5
16—25	3,1 Kern	12,758	51,4	57,0	9,9
5—15	4,5 „	7,140	45,4	49,2	7,8
Durchschnitt	**2,49**	**8,285**	**48,0**	**53,6**	**10,4**
1½ m Höhe. Südseite. Radius 11,15 cm.					
41—45	1,2 Splint	9,980	45,5	51,3	12,1
36—40	1,4 „	8,974	46,9	51,4	8,6
31—35	2,1 „	12,304	44,0	50,5	13,0
26—30	1,4 Kern	7,432	49,3	56,1	12,2
16—25	3,4 „	13,672	48,6	55,2	12,1
5—15	4,7 „	6,940	45,8	48,3	5,2
Durchschnitt	**2,79**	**9,764**	**47,1**	**52,7**	**10,7**
1½ m Höhe. Nordseite. Radius 11,65 cm.					
41—45	1,6 Splint	11,308	43,6	50,4	13,4
36—40	1,3 „	8,598	44,6	50,6	11,8
31—35	2,0 „	12,190	43,0	49,4	12,9

45jährige Lärche aus dem Nürnberger Reichswalde.

Alter	Jahrringbreite	Jährlicher Flächen-zuwachs	Substanz-menge pro 100 cc Frisch-volumen	Specifisches Trocken-gewicht	Schwinden pCt.
26—30	2,0 Mitte	10,932	51,2	56,3	9,1
16—25	3,5 Kern	14,184	49,4	54,8	9,8
6—15	4,7 „	6,940	43,5	47,0	7,5
Durchschnitt	**2,91**	**10,659**	**46,8**	**51,7**	**9,3**
Durchschnitt von S., N., W., O.	**2,93**	**11,204**	**47,7**	**53,5**	**10,7**

10 m Höhe. Westseite. Radius 7,9 cm.

Alter	Jahrringbreite	Jährlicher Flächen-zuwachs	Substanz-menge pro 100 cc Frisch-volumen	Specifisches Trocken-gewicht	Schwinden pCt.
41—45	2,0 Splint	9,30	50.6	59,4	14,9
36—40	2,2 „	8,778	49,1	57,6	14,8
31—35	2,6 Mitte	8,412	50,2	56,4	10,9
26—30	2,6 Kern	6,290	50,4	56,3	10,3
19—25	4,6 „	4,596	45,2	50.9	11,2
Durchschnitt	**2,93**	**7,262**	**49,5**	**56,5**	**12,5**

10 m Höhe. Ostseite. Radius 7,2 cm.

Alter	Jahrringbreite	Jährlicher Flächen-zuwachs	Substanz-menge pro 100 cc Frisch-volumen	Specifisches Trocken-gewicht	Schwinden pCt.
41—45	1,6 Splint	6,836	44,5	52,6	15,4
36—40	2,0 „	7,414	43,4	51,4	15,5
31—35	2,2 Mitte	6,704	43,9	51,5	14,7
26—30	2,4 Kern	5,580	49,7	55,0	9,7
19—25	4,7 „	4,313	41,6	45,1	7,6
Durchschnitt	**2,66**	**6,032**	**44,1**	**50,3**	**12,5**

Ich hatte bisher. nur von dem Einflusse der Ernährung auf die Veränderungen in der Qualität des Holzes eines Baumes gesprochen, ohne auf die Verschiedenheiten Rücksicht zu nehmen, welche derselbe Baum auf seinen verschiedenen Seiten zu erkennen giebt.

Da die meisten der untersuchten Bäume im gleichmässig geschlossenen Bestande erwachsen waren, so zeigten dieselben in der Regel ein recht gut concentrisches Wachsthum und hatte ich, um einigermaassen vorhandene Verschiedenheiten auszugleichen, immer aus Süden und Norden die Versuchsstücke entnommen und zusammen untersucht. Eine Trennung hätte die an sich kaum zu bewältigende Arbeit verdoppelt. Bei einer Anzahl von Bäumen, die in den vorstehenden Tabellen theilweise vertreten sind, habe ich die Untersuchung theils für Nord und Süd, theils für alle vier Himmelsrichtungen getrennt ausgeführt, um zu prüfen, ob irgend welche gesetzmässige Verschiedenheiten sich zu erkennen geben.

Wenn man zunächst ohne Rücksicht auf die Himmelsgegend in allen Fällen, in denen die untersuchten Seiten merklich verschieden stark entwickelt sind, die langen Seiten mit den kurzen Seiten vergleicht, so ergiebt sich für die Majorität der Fälle, dass die lange Seite mit breiten Jahresringen von besserer Qualität ist als die engringige Seite. Es kommt das um so mehr zum Ausdruck, je mehr die kräftigere Entwickelung der Jahresringe in das höhere Alter der Bäume fällt. Unter drei Fällen einmal zeigt aber auch die schwächere Seite eine bessere Qualität. Bei genauerem Vergleich zeigt sich, dass sehr oft periodisch die eine und dann die andere Seite bevorzugt ist, und erklärt sich das wohl aus dem Umstande, dass ja bei Gelegenheit der Durchforstungen einmal die eine und später die andere Seite freier gestellt und somit in der Ernährung gefördert wird.

Gar keine gesetzmässige Abhängigkeit der Qualität lässt sich nach den ausgeführten Untersuchungen von der Himmelsrichtung erkennen. Bei Fichten ist ebenso häufig die Süd- als die Nordseite bevorzugt und oft ist an demselben Stamm in der Jugend die eine, im Alter die andere Seite besser, ja die bessere Qualität ist oft nach Baumhöhe auf verschiedenen Seiten gelegen.

Ich verweise insbesondere auch auf die beiden Kiefern, 19 und 20 der Einzeltabellen.

Es würde uns zu weit führen, wenn wir bei den einzelnen Bäumen, die ich nach dieser Richtung hin geprüft habe, das vorstehend Gesagte untersuchen und darthun wollten. Wer sich für diese Frage interessirt, wird ja leicht die Prüfung nach dem vorliegenden Material ausführen können.

In der That scheint im geschlossenen Bestande auf einigermaassen ebenem Boden der Einfluss der Himmelsrichtung, wenn solcher überhaupt vorhanden ist, so sehr durch Zufälligkeiten, insbesondere freiere oder bedrängtere Kronenentwickelung nach der einen oder anderen Seite hin, verhüllt zu werden, dass es äusserst schwer sein wird, jenen öfters angenommenen Einfluss nachzuweisen. Dass bei excentrisch gewachsenen Bäumen sehr oft eine harte und eine weiche Seite zu unterscheiden ist, unterliegt keinem Zweifel, und habe ich das ja oben bereits besprochen.

Kapitel VI.

Einfluss des Baumalters auf die Qualität des Holzes.

In einfacher Consequenz der früher besprochenen Gesetze muss die Qualität des Nadelholzes so lange zunehmen, als der jährliche Massenzuwachs am Baume noch in der Zunahme begriffen ist. Wie wir aber bei den Ertragsverhältnissen zwischen einem laufend jährlichen und einem durch-

schnittlichen Jahreszuwachs unterscheiden, so muss dies auch beim Qualitätszuwachs geschehen, d. h. die Qualität des ganzen Baumes nimmt noch zu,
wenn auch die laufend jährliche Zuwachsgrösse an Qualität schon abnimmt,
bis eben die laufende Qualität unter das Mittel der ganzen Holzqualität des
Baumes herabsinkt.

Bei Lärche und Kiefer kommt dann noch ein weiterer Factor, die Verkernung hinzu, welche den Eintritt der höchsten Durchschnittsgüte noch
weiter hinausschiebt, als bei solchen Bäumen der Fall ist, welche, wie Fichte
und Tanne, im Wesentlichen keine Veränderungen im Holzkörper erkennen
lassen. Bei letzteren lässt sich die Zeit des höchsten Durchschnittsqualitätszuwachses leicht und einfach bestimmen, wenn man findet, dass die Qualität
des Splintes gleich der mittleren Qualität des ganzen Baumes ist.

Unter annähernd gleichen Bodenverhältnissen zeigen die 25—35 jährigen
Fichten des Forstes Kasten eine Qualität von 35,9 Substanzmenge pro 100
Frischvolumen.

Die 70—80 jährigen Fichten desselben Reviers eine Qualität von 37,4,
während das Splintholz noch bedeutend besser ist.

Die 120 jährigen Fichten des Bestandes in Kranzberg zeigen eine Qualität von 41,5 gr pro 100 Frischvolumen. Die Qualität des in den letzten
20—30 Jahren gebildeten Splintholzes ist 41,4 gr pro 100 Frischvolumen,
steht also der mittleren Qualität des ganzen Holzes gleich. In dem geschlossenen 120 jährigen Bestande ist also der höchste Qualitätsdurchschnittszuwachs
gerade erreicht. Ein Blick auf die Einzeltabellen lässt erkennen, dass das
Splintholz bei den meisten Bäumen in seiner Güte bedeutend hinter den
Mittelstücken zurücksteht, dass der grösste laufende Qualitätszuwachs wahrscheinlich in die 80—100 jährige Periode gefallen ist. Es zeigt sich aber
auch, dass bei einigen Stämmen, vermuthlich solchen, welche auf dem Wege
der Durchforstung eine lichtere Stellung erhalten haben, Massen- und Qualitätszuwachs in den letzten 20—30 Jahren noch im Wachsen begriffen ist
und unterliegt es keinem Zweifel, dass stärkere Durchlichtungen behufs Einleitung der natürlichen Verjüngung einen bedeutenden Aufschwung des Zuwachses in doppeltem Sinne zur Folge haben würden.

Mir fehlen leider zahlreichere Untersuchungen an sehr alten Fichten,
doch bezweifle ich nicht, dass durch Freistellung, wie sie besonders im
Plänterwalde erfolgt, eine Steigerung des Massen- und Qualitätszuwachses an
kräftigen Fichten bis über das 200. Lebensjahr hinaus erreicht werden kann,
wie Seite 61 zu erkennen ist.

Die Weisstanne dürfte sich ähnlich der Fichte verhalten. Die etwa
100 jährigen Bäume des Reviers Kranzberg haben noch einen laufenden
Qualitätszuwachs, der mit 38,0 etwas höher als der Durchschnittszuwachs

mit 37,4 steht. Es ist aber bekannt, wie sehr durch Freistellung der Zuwachs der Tanne im höheren Alter hinaufgeschroben werden kann. Ich habe an 250 jährige Tannen des Schwarzwaldes nachgewiesen, dass der Zuwachs noch in den letzten Jahren eine fortwährende Steigerung erfahren hat.

Für die Kernholz bildenden Kiefern wird die Entscheidung schwieriger, weil aus der Qualität des laufenden Zuwachses, da dieser aus Splintholz besteht, nur annäherungsweise ein Schluss auf die Qualität dieses Holzes im Kernholzzustande gezogen werden kann.

Benutzt man als Anhalt den laufenden Massenzuwachs, so ergiebt ein Blick auf Seite 41, dass an einzeln stehenden Bäumen eine Steigerung bis zum 150. Lebensjahre unter gewöhnlichen Verhältnissen erzielt werden kann.

In geschlossenen Beständen zeigte 25 jähriges Alter eine Qualität von 35,7 gr pro 100 Volumen. Der 70—75 jährige Bestand im Forst Kasten hat 42,2 gr. Die 80 jährigen Bäume des Reviers Kranzberg zeigen 42,0, die ca. 100 jährigen Bäume daselbst ca. 42,6 gr.

Für die beiden letzten habe ich auch die Durchschnittsqualität des Splintkörpers berechnet, welche noch über der Qualität des ganzen Baumes steht, nämlich bei den 80 jährigen Bäumen 42,6, bei den 100 jährigen Bäumen 43,2 gr zeigt. Offenbar steigt also noch die Güte des Holzes mindestens bis zum 100. Lebensjahre.

Was die Lärche betrifft, so ist in dem 70 jährigen Bestande des Reviers Kranzberg bei der Mehrzahl der Bäume der Quantitätszuwachs bereits in der Abnahme begriffen. Es ist nur sehr schwer zu beurtheilen, ob die Qualität bereits unter die Durchschnittsqualität herabgesunken ist. Der ganze Holzkörper zeigt nämlich 48,5 gr per 100 Volumen, der Splint dagegen nur 44,9 gr. Die Differenz von 3,6 gr dürfte aber etwa der Gewichtszunahme des Lärchenholzes beim Uebergang aus dem Splintholzzustande in den Kernholzzustand entsprechen. Wie unter gewissen Standortsverhältnissen an isolirten Lärchen die Qualitätszunahme bis zum 170. Lebensjahre steigen kann, zeigt Seite 40.

Was die nachträglichen Veränderungen des Nadelholzes durch den Process der Verkernung betrifft, so habe ich in meinen „Untersuchungen II" ausführlich darüber gesprochen und gezeigt, dass es vorzugsweise Gerbstoffe sind, welche im Kernholze sich ablagern und dabei höhere Oxydationsstufen einnehmen, in Folge deren sie einestheils unlöslich, anderntheils dunkel gefärbt werden. Insbesondere wirken dieselben durch Steigerung der Dauer des Holzes u. s. w. vortheilhaft ein, doch wird auch die Dichtigkeit des Holzes durch diesen Kernstoff wesentlich gefördert. In wie weit der Harzgehalt dabei betheiligt ist, werden die Untersuchungen von Dr. H. Mayr demnächst erkennen lassen.

Es ist nun ungemein schwer, ja fast unmöglich, mit wissenschaftlicher Genauigkeit die Gewichtszunahme des Holzes durch den Verkernungsprocess zahlenmässig festzustellen. Der Umstand, dass die Qualität des Holzes in der Jugend geringer ist, als das in höherem Alter erzeugte, selbst dann oft, wenn die Quantität nicht mehr wesentlich in der Zunahme begriffen ist, verbietet es einfach, die Differenz im Gewichte des Splint- und Kernholzes direct als charakteristisch für die bei der Verkernung eintretende Gewichtszunahme anzusehen.

Die individuellen und die durch Standort, Erziehungsweise u. s. w. hervorgerufenen, mit der Ernährung in Beziehung stehenden Verschiedenheiten sind im Allgemeinen weit maassgebender und wirkungsvoller, als die durch Verkernung bedingte Gewichtszunahme. Da das dem Kern eines Baumes angehörige Holz in einem jugendlicheren Alter gebildet wurde, als das Splintholz, so ist die Veränderung des Holzes beim Uebergange aus Splint in Kern in der Regel weit grösser, als nach den Zahlen unserer Tabelle zunächst angenommen werden sollte.

Kapitel VII.

Einfluss der Bodengüte auf die Qualität des Holzes.

Um den Einfluss der Bodengüte auf die Qualität des Holzes zu erkennen, ist es nothwendig, dass man solche Bäume mit einander vergleicht, die unter ähnlichen klimatischen Verhältnissen, bei gleicher Erziehungsart, gleichem Alter u. s. w. erwachsen sind, um dadurch alle anderen Einflüsse möglichst auszuschliessen. Dadurch wird nun die Gelegenheit zum Erkennen des Einflusses der Bodengüte auf die Qualität des Holzes wesentlich eingeschränkt. Immerhin bieten die vorliegenden Untersuchungen auch interessante Aufschlüsse nach dieser Richtung.

Es bieten sich zunächst zwei 90 jährige Kiefernbestände zum Vergleiche dar. Der eine auf gutem, lehmigem Boden in 500 m Hochlage (Revier Kranzberg), der andere auf tiefgründigem Keupersandboden, welcher durch Streunutzung arg herabgekommen ist, in 300 m Hochlage (Nürnberger Reichswald).

Auf 1,5 m über dem Boden hat Kranzberg eine Ringbreite von 2,02 mm, Substanz 45,6, specifisches Gewicht 51,8.

Auf 1,5 m über dem Boden hat Nürnberg eine Ringbreite von 1,57 mm, Substanz 43,3, specifisches Gewicht 48,7.

In 6—7 m Höhe hat Kranzberg eine Ringbreite von 1,83 mm, Substanz 42,2, specifisches Gewicht 48,4.

In 6—7 m Höhe hat Nürnberg eine Ringbreite von 1,52 mm, Substanz 37,7, specifisches Gewicht 42,4.

Ringbreite und Qualität des Holzes sind also auf dem schlechten Boden des Nürnberger Reichswaldes bedeutend geringer (um 6—10 pCt.). Dass die (um 200 m) bedeutendere Hochlage des Kranzberger Forstes nicht an der besseren Qualität die Schuld trägt, beweist die Untersuchung einer 100 jährigen Kiefer aus Tyrol in 950 m Hochlage, welche auf 1 m über dem Boden 1,4 mm Ringbreite und 45,8 specifisches Trockengewicht, bei 8 m 2,9 mm Ringbreite und 38,7 specifisches Trockengewicht besass, also noch viel schlechter war, was ich als eine Folge des sehr schlechten, aus flachstehendem Kalkgeröll bestehenden Bodens betrachten möchte.

Vergleicht man hiermit das Kiefernholz der besseren Bestände der Mark Brandenburg, die ich bei Eberswalde früher untersucht habe, so tritt ganz zweifellos die auffallende Güte dieses Holzes zu Tage.

Nach Umwandlung des früher ermittelten Lufttrockengewichts in absolut trockenes Gewicht stellen sich die verschiedenen Bodenklassen wie folgt:

Standort	Alter	Baumhöhe m	Jahrringbreite	Specifisch. Gewicht
Mark Brandenburg. Guter Kiefernboden II. Bonität	85	1,2 7,5	2,06 1,97	57,6 49,5
Revier Kranzberg bei München . .	90	1,5 6,7	2,02 1,83	51,8 48,4
Nürnberger Reichswald. Streufläche .	90	1,5 6,0	1,57 1,52	48,7 42,4
Tyrol. Auf Kalkgeröll	100	1,0 8,0	1,40 2,9	45,8 38,7

Der hohe Werth des auf gutem, tiefgründigem Diluvialsandboden der Mark Brandenburg erwachsenen Kiefernholzes resultirt aber auch aus all den zahlreichen Untersuchungen, die ich früher ausgeführt habe.

Das durchschnittliche specifische Trockengewicht alles Schaftholzes ganzer Bestände ist darnach in einem

135 jährigen Bestande II. Bonität = 51,0

135   „   „   III.   „   = 49,5

117   „   „   II.   „   = 49,0

85   „   „   II.   „   = 50,0

Dagegen beträgt das Gewicht der beiden bei München gelegenen Bestände im 70—90 jährigen Alter nur 47,7.

Wenn nach dem Vorstehenden für die Kiefer kaum ein Zweifel bestehen kann, dass mit grösserer Bodengüte auch bessere Qualität verbunden sei, so bleibt doch noch zu wünschen, dass auch für die anderen Nadelholzarten Untersuchungen zur Beantwortung dieser Frage angestellt werden, die allerdings nur dann einen Werth haben, wenn die Vergleichsbestände unter möglichst denselben Verhältnissen erwachsen sind und nur in Bezug auf die Bodenqualität von einander wesentlich abweichen.

Kapitel VIII.

Einfluss der Hochgebirgslage auf die Qualität des Holzes.

Es ist eine allgemein bekannte Thatsache, dass das Holz der höheren Gebirgslagen in der Regel von ganz besonderer Güte ist. Kommt es aber darauf an, den Einfluss der Hochlage zahlenmässig festzustellen, so tritt uns die grosse Schwierigkeit entgegen, dass doch meist die ganze Erziehungsart der Waldbestände dort eine andere ist, als bei der geregelten Waldwirthschaft des Flachlandes und der Vorberge, und die Erziehungsart, wie wir sehen werden, einen ungemein schwerwiegenden Einfluss auf die Qualität des Holzes ausübt. Wir müssen uns deshalb darauf beschränken, die Holzqualität solcher Bäume mit einander zu vergleichen, von denen wir annehmen können, dass sie von Jugend auf mehr im lichten Stande erwachsen sind. Das werthvollste Material zur Beurtheilung des Einflusses der Hochlage bieten die Untersuchungen des Lärchenholzes dar, da ja die Lärche meistentheils mehr im freien Stande aufwächst. Zieht man den Durchschnitt der Stämme aus verschiedenen Höhenregionen zusammen, so berechnen sich für 1—1,5 m Baumhöhe folgende Zahlen.

Hochlage 1000 m. Mittlere Ringbreite bei 100—190 Jahren 0,87 mm. Jährlicher Flächenzuwachs 2,87. Specifisches Gewicht 64,0.

Hochlage 750 m. Mittlere Ringbreite bei 150 Jahren 1,35 mm. Jährlicher Flächenzuwachs 7,71. Specifisches Gewicht 59,2.

Hochlage 500 m. Mittlere Ringbreite bei 70 Jahren 2,20 mm. Jährlicher Flächenzuwachs 12,22. Specifisches Gewicht 57,2.

Ich glaube, dass man aus diesen Zahlen ohne Weiteres berechtigt ist, zu schliessen, dass den höheren Lagen ein geringerer Massenzuwachs, aber eine bessere Qualität eigenthümlich ist. Der Einwand, der mit Recht erhoben werden kann, dass ja dem 70 jährigen Alter relativ mehr Splintholz angehöre, dass in höherem Alter das Holz noch an Güte zunehmen werde, fällt bei näherer Prüfung fort. Das Kernholz der 70 jährigen Bäume besitzt ein Gewicht von 59,4, der diesem entsprechende innerste Kern der alten Lärchen in 1000 m Hochlage dagegen 63,7.

Auch zur Beurtheilung des Fichtenholzes aus Hochgebirge und aus tieferen Lagen bieten die Untersuchungen Material. Der 75 jährige Bestand des Reviers Kasten bei München ist in sehr lichtem Stande erwachsen und zeigt auf 1½ m Höhe ein Gewicht von 41,7, während in vereinzeltem Stande erwachsene Hochgebirgsfichten, wie die nachstehende Zusammenstellung zeigt, auf Brusthöhe 47,6 resp. 46,3 Gewicht zeigen. Ringbreite und Massenzuwachs sind bei letzteren weitaus geringer, als bei ersteren.

Hochgebirgsfichten, im vereinzelten Stande erwachsen.

Alter	Jahrring-breite	Jährlicher Flächen-zuwachs	Specif. Trocken-gewicht	Jahrring-breite	Jährlicher Flächen-zuwachs	Specif. Trocken-gewicht
	1. Alter 270 Jahre. Höhe 11,0 m. Beginn der Krone 6,0 m. Hochlage 1500 m. Vereinzelt mit Lärchen. Boden gut mit Latschen und Alpenrosen und einigem Buchengestrüpp.					
	Lange Seite in 1 m über dem Boden. Radius 16,15			Kurze Seite auf 1 m. Radius 13,95.		
240—270 (30)	0,73	6,934	46,3	0,38	3,221	49,1
210—240 (30)	0,97	7,592	47,2	0,47	3,545	44,7
180—210 (30)	0,40	2,626	48,8	0,33	2,283	47,7
150—180 (30)	0,45	2,594	50,3	0,33	2,073	54,0
120—150 (30)	0,23	1,195	50,0	0,40	2,212	50,7
90—120 (30)	0,67	2,848	49,4	0,70	3,145	44,9
60— 90 (30)	0,67	2,011	47,9	0,87	2,614	47,2
17— 60 (43)	0,88	1,055	42,5	0,81	0,895	49,9
Durchschnitt	**0,64**	**3,239**	**47,6**	**0,55**	**2,417**	**47,6**
	2. Alter 150 Jahre. Höhe 17 m. Hochlage 1450 m. Vereinzelt stehend. Zirbeln, Lärchen und Fichten mit Latschengestrüpp.					
	Lange Seite in 1½ m über dem Boden. Radius 19,5			Kurze Seite auf 1½ m. Radius 12,5.		
130—150 (20)	1,20	13,798	46,5	0,80	5,881	46,0
110—130 (20)	1,65	16,017	44,3	0,90	5,655	45,4
90—110 (20)	2,15	15,737	44,2	0,95	4,865	44,9
70— 90 (20)	1,85	8,893	45,6	1,00	3,896	46,1
34— 70 (36)	1,25	2,788	44,2	1,09	2,212	46,6
14— 34 (20)	0,65	0,265	56,2	0,65	0,265	56,2
Durchschnitt	**1,43**	**8,784**	**45,9**	**0,92**	**3,609**	**46,7**

Auch die 100 jährigen Weisstannen in Kranzberg bei 500 m stehen mit 44,7 bedeutend zurück im Gewicht gegen 150—160 jährige Weisstannen in 660 m Hochlage mit 47,5.

Aus all' dem geht hervor, dass das für die Einzelbäume, sowie für die verschiedene Bodengüte giltige Gesetz, danach Quantität und Qualität correspondiren, keine Giltigkeit hat, wenn man Bäume verschiedener Hochlagen mit einander vergleicht. Das Hochgebirgsklima mindert die Quantität und steigert die Qualität. Auch diese Thatsache lässt sich aber in durchaus befriedigender Weise durch die Ernährungsverhältnisse erklären.

Bekanntlich ist das Hochgebirgsklima durch lange, oft acht Monate dauernde Winter und durch einen kurzen Frühling ausgezeichnet. Erst im Juni beginnt mit dem Weggange des Schnees die Vegetation, die sich nach kurzer Zeit in Folge der langen Tage und der schnell steigenden Temperatur unter den günstigsten Verhältnissen entwickelt. Es kommt noch die intensivere Lichtwirkung der Hochlage hinzu, um zu bewirken, dass dann, wenn einmal die cambiale Thätigkeit begonnen hat, nach kurzer Zeit, in welcher relativ wenig Frühjahrsholz gebildet wird, die Production werthvollen Sommerholzes erfolgt. Die Kürze der Vegetationszeit überhaupt, sowie die geringere Temperatur haben zwar eine geringere Massenproduction zur Folge, diese besteht aber, wegen der kurzen Frühjahrszeit vorwiegend aus werthvollerem Sommerholz. Die Lärchen des Nürnberger Reichswaldes hatten schon Anlang April im unteren Stammtheile Zuwachs, während in der Hochgebirgsfage die cambiale Thätigkeit bis Anfang Juni sich verzögert.

Ich zweifle kaum, dass analoge Verhältnisse auch im hohen Norden vorliegen und dass z. B. der hohe Werth des Kiefernholzes (Riga'er Mastbäume) aus nördlicheren Lagen wenigstens theilweise der Kürze der Frühjahrszeit zuzuschreiben ist.

Kapitel IX.

Einfluss der Erziehungsart auf die Qualität des Holzes.

Denselben Einfluss, welchen die Hochgebirgslage auf die Qualität des Holzes ausübt, bewirkt dichter Bestandesschluss und zwar ebenfalls durch Verzögerung der cambialen Thätigkeit bis zum Beginn der langen und heissen Tage und der vollendeten Ausbildung der neuen Triebe und Nadeln. Freistehende Bäume beginnen, wie wir wiederholt mitgetheilt haben, ihre cambiale Thätigkeit im milderen Klima der Ebene und Vorberge schon Ende

April oder Anfang Mai im ganzen Baume gleichzeitig oder doch im unteren Theile wenig später, als im oberen. Am 8. Juni zeigte bei München in einem 100 jährigen Fichtenbestande eine Randfichte, welche schon seit dem 1. Mai ihre Zuwachsthätigkeit auf Brusthöhe begonnen hatte, bereits 0,4 der normalen Ringbreite, eine im geschlossenen Bestande nicht weit davon entfernte dominirende Fichte dagegen erst eine Tracheide, hatte also soeben erst ihre cambiale Thätigkeit begonnen. Die langsame Durchwärmung des von der Sonne nicht betroffenen, von Moos und Humus bekleideten Bodens im dicht geschlossenen Waldbestande, verbunden mit der langsameren Einwirkung der Luftwärme auf den im tiefen Schatten stehenden Stamm verzögern das Erwachen der cambialen Thätigkeit um 4 Wochen und dies hat denselben Effect, wie der spätere Beginn des Frühjahrs in den Hochlagen, d. h. die cambiale Thätigkeit wird mehr in die für die Ernährung günstigere Zeit des Hochsommers hinausgerückt, so dass sich zwar weniger, aber besseres Holz bildet, als im lichten Bestande, bei Randbäumen oder ganz freiem Stande.

Der Einfluss der Erziehung in lichter Stellung oder in dicht geschlossenem Bestande auf die Qualität des Holzes ist ein ausserordentlich grosser und äussert sich in mannigfach verschiedener Weise.

Zunächst sehen wir, dass insbesondere Tannen und Fichten, welche aus natürlicher Besamung entstanden, Jahrzehnte im tiefen Schatten des geschlossenen oder doch wenig durchlichteten Bestandes erwachsen sind, also sog. Vorwüchse eine ausgezeichnete Holzqualität besitzen.

Die unter 2 aufgeführte Hochgebirgsfichte des Plänterwaldes Seite 61 zeigt bis zum 34. Lebensjahre ein Qualitätsoptimum von 56,2, wie es sonst bei dieser Holzart kaum wieder auftritt. Die festen, harten, engringigen Kerne vieler aus dem Plänterwalde stammenden Bäume sind ja zur Genüge bekannt. Selbst Kiefern, wenn sie aus natürlicher Verjüngung stammen und in der Jugend sehr langsam gewachsen sind, zeigen eine ausserordentliche Qualität, wie das Seite 41 zu erkennen ist.

Im eng geschlossenen Bestande der natürlichen Verjüngungen ist die Qualität des Holzes von Jugend auf eine relativ grosse, mag der Bestand annähernd gleichaltrig oder ein aus den verschiedensten Altersklassen gemischter Plänterwald sein. Zwar leidet die Schnellwüchsigkeit durch den engen Stand und die Beschattung der etwa vorhandenen höheren Altersklassen, das Holz bleibt in der Jugend schon engringig, dagegen ist die Qualität von Anfang an eine hochwerthige. In demselben Maasse, als in der Folge die dominirenden Bäume eine freiere Stellung sich verschaffen, steigert sich der Quantitätszuwachs. Ob auch die Qualität wächst, das hängt ganz von äusseren Verhältnissen ab, indem sich zwei Einflüsse gleichsam bekämpfen. Die

Steigerung der Ernährung hat das Bestreben, die Qualität zu bessern, die Freistellung und der damit verknüpfte frühere Beginn der cambialen Thätigkeit verschlechtert die Qualität, indem sich viel Frühjahrsholz bildet. In einem Bestande, der aus natürlicher Verjüngung entstanden, nur mässig durchforstet wird und also immer im dichten Schlusse bleibt, erfolgt deshalb eine stetige Zunahme von Quantität und Qualität bis zu einem Optimum, welches bei Fichten in der dominirenden Stammklasse durchschnittlich im 100. Lebensjahre liegt. Nach dieser Zeit sinkt beides. In dem 125 jährigen Fichtenbestande des Reviers Kranzberg liegt dieser Fall vor und lasse ich eine Zusammenstellung des Qualitätszuwachses aus dem Durchschnitte der 13 untersuchten Bäume nachstehend folgen.

120 – 130 (125) jährige im engen Schlusse erwachsene Fichten. Kranzberg.

Baumhöhe m	Bezeichnung der Holzstücke	Mittlere Ringbreite mm	Substanz	Specif. Gewicht	Schwinden	Zahl der Probestücke
1,5	Splint	1,02	41,8	49,0	14,2	13
	Mitte	1,27	43,4	51,2	14,9	6
	Kern	1,62	42,3	48,7	13,1	9
	Holz	**1,33**	**42,9**	**48,9**	**13,7**	**28**
6,7	Splint	0,83	42,4	49,6	14,5	13
	Mitte	1,19	43,9	51,6	14,8	6
	Kern	1,97	41,3	47,7	13,3	13
	Holz	**1,35**	**41,9**	**48,8**	**13,9**	**32**
11,9	Splint	0,83	41,9	48,7	13,9	13
	Mitte	1,08	42,9	50,1	14,1	8
	Kern	1,94	40,5	46,5	12,8	13
	Holz	**1,30**	**41,3**	**48,0**	**13,6**	**34**
17,1	Splint	0,90	41,4	48,2	14,3	13
	Mitte	1,15	42,3	48,7	13,2	7
	Kern	2,24	41,0	46,4	11,5	13
	Holz	**1,45**	**41,1**	**47,1**	**12,6**	**33**
22,3	Splint	1,12	39,9	45,8	12,7	13
	Mitte	1,56	40,9	47,2	12,9	3
	Kern	2,23	41,2	46,8	11,7	13
	Holz	**1,56**	**40,5**	**46,3**	**12,2**	**29**
27,5	Splint	1,53	39,1	44,5	12,0	13
	Kern	2,08	41,5	46,6	11,0	10
	Holz	**1,80**	**40,0**	**45,3**	**11,5**	**26**
31,0	Splint	2,11	42,1	47,4	**11,1**	10
Durchschnitt aller Stämme. Splint			**41,2**	**47,6**		**88**
Durchschnitt des ganzen Holzkörpers			**41,4**	**47,9**	**13,5**	**192**

Die Splintholzstücke, welche den Zuwachs der letzten 20—30 Jahre umschliessen, sind bereits erheblich unter den Zuwachs der Periode 90—110 hinabgesunken und stehen etwa gleich der Durchschnittsqualität des ganzen Holzkörpers.

Die Durchschnittsqualität der Bäume dieses Bestandes steht mit 47,4 specifischem Gewicht ungemein hoch und z. B. viel höher, als die Qualität der im lichteren Stande erwachsenen, aber fast dieselbe Stärke - Dimension zeigenden 75 jährigen Fichten des Reviers Kasten, die nur 43,1 beträgt.

An den im Schlusse erwachsenen Bäumen lässt sich eine zweifellose Verbesserung der Qualität von oben nach unten erkennen, wenn dieselbe auch nicht so gross ist, als bei den anderen untersuchten Nadelholzarten. Sie beträgt für die ganzen Stammwalzen nur eine Differenz von 48,9 (unten) und 45,3 (oben). Das oberste Gipfelstück ist wieder erheblich schwerer.

Bäume, welche nach längerer Unterdrückung durchforstungsweise genutzt werden, zeigen auch die hohe Qualität der im Schlusse erwachsenen Bäume, jedoch sinkt dieselbe um so mehr, je länger und je stärker die Unter- drückung ist, denn in dieser Zeit wird ja, wie wir wissen, relativ gering- werthiges Holz producirt. Die 70 jährige Fichte (Seite 47) lässt dies sehr deutlich erkennen.

Es sei hier gleich bemerkt, dass auch bei den Kiefern der Werth des Holzes von unterdrückten Bäumen ein relativ hoher ist bis zu der Zeit, wo der Zuwachs anfängt abzunehmen.

Eine etwa 30 jährige, seit 8 Jahren stark unterdrückte Kiefer, hatte auf Brusthöhe 8,5 cm Durchmesser und 22 Ringe. Das Holz der inneren 14 Ringe hatte bei 2,3 mm Ringbreite ein Gewicht von 55,5, das Holz der äusseren 8 Ringe ca. 0,87 mm Breite, dagegen ein Gewicht von 47,7.

In 6 m Höhe hatte das Holz ein Gewicht von 45,0.

Dominirende Kiefern von gleichem Alter haben in Brusthöhe bei 3 bis 4 mm Ringbreite ein Gewicht von 46—47, bei 6 m Höhe etwa dasselbe Gewicht, wie obige unterdrückte Kiefer. Bekanntlich erträgt die Kiefer ja überhaupt nur geringen Druck und stellt sich in frühem Lebensalter licht, so dass so grosse Unterschiede in der Qualität des Holzes, wie sie bei der Fichte in Folge verschiedener Erziehungsart auftreten, bei der Kiefer über- haupt nicht vorkommen.

Erziehung der Fichte im lichten Stande hat zwar eine Förderung des Quantitätszuwachses zur Folge, der zumal nach unten ein sehr bedeutender ist, aber die Qualität ist wegen des frühzeitigen Erwachens der cambialen Thätigkeit am ganzen Stamme eine relativ geringe. Dies tritt besonders deutlich aus der nachfolgenden Zusammenstellung hervor.

75jährige, in lichtem Stande erwachsene Fichten. Kasten.

Baumhöhe	Bezeichnung der Holzstücke		Mittlere Ringbreite	Substanz	Specif. Gewicht	Schwinden	Zahl der Probestücke
1,5		Splint	1,55	38,1	44,6	14,6	6
		Mitte	3,18	35,7	40,5	11,6	6
		Kern	3,92	34,8	38,5	9,8	6
		Holz	**2,78**	**36,2**	**41,2**	**12,4**	**18**
4,6		Splint	1,63	38,8	45,6	14,6	6
		Mitte	2,85	36,3	42,0	13,4	6
		Kern	4,42	34,7	9,5	12,1	6
		Holz	**2,82**	**36,6**	**42,4**	**13,5**	**18**
7,7		Splint	1,80	39,1	45,0	12,9	6
		Mitte	2,98	36,1	41,2	12,2	6
		Kern	4,67	35,6	39,9	10,8	6
		Holz	**2,98**	**37,3**	**42,5**	**12,2**	**18**
10,8		Splint	2,0	39,9	46,8	14,6	6
		Mitte	2,87	36,7	42,4	13,6	6
		Kern	4,60	36,6	41,3	11,0	6
		Holz	**3,05**	**37,8**	**43,5**	**13,2**	**18**
13,9		Splint	2,05	38,3	44,7	14,1	6
		Mitte	2,90	36,8	42,4	12,7	6
		Kern	3,93	37,3	42,1	11,3	6
		Holz	**2,96**	**37,5**	**43,1**	**13,1**	**18**
17,0		Splint	2,38	38,6	45,2	14,2	6
		Mitte	3,01	37,8	43,3	12,6	6
		Kern	4,01	39,2	43,6	9,9	6
		Holz	**3,14**	**38,6**	**44,0**	**12,9**	**18**
20,1		Splint	2,58	38,8	45,5	14,9	6
		Mitte und Kern . .	3,85	39,2	44,4	11,7	9
		Holz	**3,16**	**39,0**	**45,0**	**13,8**	**15**
23,2		Splint	2,68	38,8	45,4	14,6	6
		Mitte und Kern . .	3,38	41,9	46,6	10,6	7
		Holz	**3,03**	**40,3**	**46,0**	**13,4**	**13**
26,3		Holz	**3,35**	**43,0**	**48,6**	**11,5**	**6**
Durchschnitt des Splintes				**38,8**	**45,3**		**54**
Durchschnitt des ganzen Holzkörpers				**37,4**	**43,1**	**13,1**	**142**

Das Holz ist im Ganzen, besonders aber in der Jugend, wo die Bäume noch isolirter standen, ein geringwerthiges. Während in dem, im Schlusse erwachsenen Bestande das Kernholz auf Brusthöhe bei 1,62 mm Ringbreite ein Gewicht von 48,7 zeigte, besitzt im lichten Bestande das Kernholz nur 38,5, bei einer Ringbreite von 3,92 mm.

Mit zunehmender Zuwachsgrösse, sicherlich aber auch in Folge des sich immer mehr bessernden Bestandesschlusses erhebt sich die Qualität des Holzes in dem 75 jährigen Bestande mit jedem Jahrzehnt, so dass die Splintstücke weitaus werthvoller sind, als die Mittel- oder gar die Kernstücke. Das Splintholz der ganzen Bäume steht mit 45,3 noch bedeutend über der Durchschnittsqualität des ganzen Holzes, welche 43,1 beträgt.

Es unterliegt keinem Zweifel, und ist allgemein bekannt, dass das Nadelholz im lichten Stande erwachsener Bäume von geringer Güte ist.

In gewissen Districten der bayerischen Alpen besteht der Gebrauch, die Bestände kahl abzutreiben, und dann durch weitständige Pflanzung nahe den alten Stücken wieder aufzuforsten. Wenn ich auch nicht verkenne, dass manche Vortheile in Betreff der bequemen Nutzung mit dem kahlen Abtriebe verbunden sind, dass ferner an steilen Hängen ein grosser, ja oft der grösste Theil des jungen Nachwuchses bei natürlicher Verjüngung wieder zu Grunde geht, so dürfte man sich doch kaum völlige Klarheit über die mit dem Kahlhiebe verknüpften Verluste verschafft haben. Abgesehen von dem vieljährigen Zuwachsverluste des nur zum kleinsten Theile cultivirten Bodenraumes, abgesehen von der ästigen Beschaffenheit ist das im lichten Stande erwachsene Holz so leicht und grobfaserig, dass die Sägemüller dasselbe nur zu Kistenbrettern verarbeiten können.

Die geschätzte Waare ist die feinringige, aus geschlossenen Waldbeständen stammende, besonders das Holz aus Beständen, welche der natürlichen Verjüngung entsprungen sind.

Selbst bei der Bestandesbegründung durch dichte Pflanzung nach kahlem Abtriebe wird man kaum so werthvolles Material erziehen, da wenigstens der innere Kern der daraus hervorgegangenen Bäume von geringerer Qualität sein wird, als der Kern im Schatten der Schirmbestände erwachsener Bäume, denn bei letzteren erwacht die Zuwachsthätigkeit um vier Wochen später als im freien Stande. Ist künstliche Verjüngung geboten, so ist der Erziehung von Jugend auf dicht geschlossener Bestände, welche nur schwach durchforstet werden, so dass stets der dichte Schluss erhalten bleibt, vor der vielfach beliebten weiten Pflanzung und starken Durchforstung der Vorzug zu geben, denn die schlechte Waare, welche durch Breitringigkeit und Aestigkeit sich auszeichnet, hat schon jetzt und für die Folge keinen Markt.

Von ausgezeichneter Qualität ist das Holz der Bäume, welche dem Plänterwalde entstammend in der Jugend im Druck und tiefem Schatten erwachsen und allmählich im Laufe der Jahrzehnte immer freier gestellt wurden. Ihr Zuwachs nimmt oft bis zum 300. Lebensjahre immer zu, so dass die Ringbreiten nur wenig nach aussen abnehmen. Mit zunehmendem Zuwachs steigert sich auch die Qualität bis zu hohem Alter und liefert so durchweg ausgezeichnetes Holz.

Ich hatte bereits Seite 48 darauf hingewiesen, dass Lichtstellung in höherem Alter mit dem Quantitätszuwachs auch die Qualität steigere. Dies geschieht aber nicht immer sofort. Nach der Freistellung steigt zwar sofort auch der Massenzuwachs, da aber die Einwirkung der directen Insolation auf den Boden und auf die Rinde des Baumes ein sehr frühzeitiges Erwachen der Vegetation zur Folge hat, kommt die Zunahme der Ernährung weit mehr der Bildung von Frühjahrsholz zu statten. Es kann periodisch selbst eine Verminderung der Qualität eintreten. Erst dann, wenn durch kräftige Entwickelung der Krone die Ernährung noch mehr sich gehoben hat, wenn andererseits der junge Aufwuchs den Boden wieder gegen zu schnelle Erwärmung beschützt, entsteht auch neben grosser Massenproduction wieder werthvolleres Holz. Durchlichtungen, welche nicht soweit gehen, dass der Sonne wesentliche Einwirkung auf den Boden gestattet wird, haben dagegen sofort eine Hebung der Qualität des Holzes zur Folge.

Als Beleg für das Gesagte gebe ich noch den Zuwachsgang des unteren Baumtheiles zweier im Lichtschlage über kräftigem Jungwuchse stehender Tannen. Der Stamm I zeigt auf Stockhöhe einen engringigen Kern mit ausgezeichneter Qualität, die sich in späterem Alter mit zunehmender Lichtstellung vermindert. Der Lichtungszuwachs der jüngsten Periode lässt am Stock und in $2\frac{1}{2}$ m Höhe bei Stamm I und II eine ausserordentliche Qualität erkennen, welche mit dem bereits hergestellten Bodenschutze im Zusammenhange stehen dürfte.

I. 0,5 m Höhe, 103 Jahre, 35,4 cm Durchm.				I. 2,5 m Höhe, 76 Jahre, 32,6 cm Durchm.				II. 2,5 m Höhe, 83 Jahre, 38,8 cm Durchm.			
Alters-Periode	Ringbreite	Flächenzuwachs	Specif. Gewicht	Alters-Periode	Ringbreite	Flächenzuwachs	Specif. Gewicht	Alters-Periode	Ringbreite	Flächenzuwachs	Specif. Gewicht
1884—73	2,9	29,23	51,3	1884—77	3,1	29,55	50,3	1884—73	2,5	28,12	57,8
1872—56	1,6	12,82	47,3	1876—67	2,6	20,42	43,1	1872—53	2,4	21,11	50,2
1855—41	2,3	13,95	48,0	1866—49	2,0	11,94	41,8	1852—32	2,2	12,80	50,6
1840—22	1,9	7,35	48,9	1848—08	1,9	4,66	41,6	1831—02	2,3	5,13	48,2
1821—82	1,1	1,66	53,3	—	—	—	—	—	—	—	—

Noch muss ich auf die Eigenthümlichkeit in der Qualität der von Jugend auf im lichten Stande erwachsenen Fichten hinweisen, dass sie nicht nach unten, sondern nach oben zunimmt. Vielleicht lässt sich diese von allen anderen Nadelholzarten abweichende Eigenthümlichkeit aus der flachstreichenden Wurzelbildung erklären, die zur Folge hat, dass bei freiem Stande, bei welchem die oberen Bodenschichten sehr frühzeitig durchwärmt werden, auch die Durchwärmung des Bauminnern frühzeitig erfolgt und die Bildung reichlichen Frühjahrsholzes auch in den unteren Baumtheilen zur Folge hat.

<h2 style="text-align:center">Kapitel X.</h2>

<h1 style="text-align:center">Einfluss der Jahrringbreite auf die Qualität der Bäume
eines Bestandes.</h1>

Einen interessanten Einblick in die Beziehungen, welche zwischen Jahrringbreite und Holzqualität bei den Bäumen eines Bestandes bestehen, gewährt eine nach Splint und Kern, beziehungsweise Splint, Mittelstück und Kernstück getrennte Zusammenstellung der verschiedenen Probestämme desselben Bestandes, wie ich sie umstehend für die untersuchten Bestände folgen lasse. Zum Verständniss dieser Tabellen sei vorausgeschickt, dass für die einzelnen Baumhöhen die Substanzmenge, das Gewicht und Schwindemaass nach den mittleren Jahrringsbreiten des Splintes oder Kernes classificirt wurden. Die auf einer Linie stehenden Zahlen entsprechen also den verschiedenen Probestämmen. Die unter einander stehenden Zahlen, welche die verschiedenen Baumhöhen repräsentiren, sind nicht als denselben Probestämmen angehörig zu betrachten, vielmehr hat lediglich eine Anordnung nach der Ringbreite stattgefunden.

Gehen wir zunächst auf eine Betrachtung der Zusammenstellung des 70 jährigen Lärchenbestandes des Reviers Kranzberg ein, so erkennen wir, wenn wir nur die gleich alten Probestücke, d. h. nur Splint oder nur Kern unter einander vergleichen, dass gleiche Ringbreiten um so besseres Holz liefern, je weiter die Holzstücke nach unten gelegen sind. Dies findet seine doppelte Erklärung einmal in der bereits bekannten Zunahme der Güte des Holzes nach unten überhaupt, die in der Verzögerung des Beginnes der Zuwachsthätigkeit in den unteren Stammtheilen begründet ist, und zweitens darin, dass eine bestimmte Ringbreite am unteren Baumtheile einem grösseren Massenzuwachs entspricht, als oben. Eine Ringbreite von 1 mm im Gipfel des Baumes entspricht zweifellos einer sehr bedeutenden Abnahme der Ernährungsthätigkeit, während dieselbe Ringbreite am Fusse des Baumes unter Umständen dem Maximum der Zuwachsthätigkeit entsprechen kann.

Vergleichen wir nun andererseits die verschiedenen Bäume nach ihren Ringbreiten unter einander, d. h. die Zahlen, welche auf derselben Linie stehen, so erkennen wir zweifellos, dass in den letzten 20 Jahren (Splint) diejenigen Bäume das beste Holz producirt haben, welche in dieser Periode die grösste Ringbreite besessen haben. Am auffälligsten tritt dies in 27,5 m Baumhöhe hervor, woselbst die Bäume mit 1—2 mm Ringbreite nur ein Trockengewicht von 42,2, dagegen die mit 4—5 mm Ringbreite ein Gewicht

70jähriger Lärchenbestand aus Kranzberg.

Baum-höhe	Bezeich-nung der Holz-stücke	0—1 mm			1,1—2,0 mm			2,1—3,0 mm			3,1—4,0 mm			4,1—5,0 mm		
		Sub-stanz	Specif. Ge-wicht	Schwin-den	Sub-stanz	Specif. Ge-wicht	Schwin-den	Sub-stanz	Specif. Ge-wicht	Schwin-den	Sub-stanz	Specif. Ge-wicht	Schwin-den	Sub-stanz	Specif. Ge-wicht	Schwin-den
1,5 {	Splint	46,1	53,9	14,4	49,9	56,6	11,9	(52,2)	(59,2)	(11,7)	—	—	—	—	—	—
	Kern	—	—	—	52,9	59,8	11,6	55,2	61,3	9,9	50,2	55,5	9,8	—	—	—
6,7 {	Splint	40,4	46,6	13,1	47,2	55,2	14,5	—	—	—	—	—	—	—	—	—
	Kern	—	—	—	50,4	58,8	14,4	49,7	57,1	13,0	44,8	50,7	11,6	—	—	—
11,9 {	Splint	41,3	47,1	12,3	45,3	52,1	12,9	—	—	—	—	—	—	—	—	—
	Kern	—	—	—	47,8	54,7	12,6	50,8	57,6	11,8	42,1	48,1	12,4	—	—	—
17,1 {	Splint	—	—	—	43,7	50,9	14,0	—	—	—	—	—	—	—	—	—
	Kern	—	—	—	47,7	54,7	12,9	48.4	54,6	11,4	44,7	49,9	10,5	—	—	—
22,3 {	Splint	—	—	—	44,5	51,3	13,2	42,5	50,0	15,1	—	—	—	—	—	—
	Kern	—	—	—	—	—	—	46,7	52,7	11,3	42,9	48,8	12,1	—	—	—
27,5 {	Splint	—	—	—	37,2	42,2	12,0	41,5	46,6	11,2	46,7	53,1	12,1	48,2	58,5	11,4
	Kern	—	—	—	—	—	—	46,0	50,8	9,4	—	—	—	—	—	—

von 58,5 zeigen. Es entspricht das ganz und gar dem, was wir Seite 39 ausgeführt haben, dass unter gleichen Verhältnissen mit der Ernährung auch die Qualität zunimmt.

Bis zum 50. Lebensjahre etwa, d. h. in der Periode, in welcher das Holz producirt wurde, welches nunmehr, d. h. im 70. Lebensjahre verkernt ist, liegt die beste Qualität bei 2—3 m oder (in 6,7 m Baumhöhe) bei 1—2 mm Ringbreite; während die Bäume mit sehr breiten Jahresringen in diesem Alter geringwerthigeres Holz erzeugten. Nachdem wir wissen, dass Beschattung und enger Schluss zwar Engringigkeit aber in der Qualität höher stehendes Holz erzeugt, ist es wohl gerechtfertigt, anzunehmen, dass die geringere Qualität des Kernholzes bei sehr breitringigen Bäumen der lichteren und freieren Stellung dieser Individuen zuzuschreiben ist. Der Widerspruch im Verhalten des Splint- und Kernholzes ist also nur ein scheinbarer.

Im 50—70jährigen Alter, in welchem die Bäume des Bestandes nahezu gleiche Höhe besassen, entscheidet die Entwickelung der Baumkrone und damit das Maass der Nährstoffproduction zu Gunsten der besser ernährten, d. h. breitringigen Bäume. Im jüngeren Alter dagegen sind die schnellwüchsigen, d. h. breitringigen und in der Höhe vorangeeilten Bäume in der Regel auch die mehr freistehenden, der directen Insolation exponirten. Bei ihnen erwacht die Zuwachsthätigkeit frühzeitiger und desshalb sinkt die Qualität.

Die Differenz zwischen Splint und Kern bei gleicher Ringbreite ist sehr auffällig, doch entspricht sie nicht der thatsächlichen Veränderung beim Verkernungsprocess, da es nicht zulässig ist, Holz gleicher Ringbreiten aus verschiedenen Altersklassen eines Baumes mit einander zu vergleichen.

Die Zusammenstellungen der Ringbreiten und der Holzqualitäten für die Kiefer im 70jährigen, ziemlich licht erwachsenen Bestande und für die 80—105jährigen im Schlusse erwachsenen Kiefern lasse ich umstehend folgen.

Die Gesetze, die daraus hervorgehen, sind ähnlich denen, die aus der Betrachtung der Lärchentabelle sich ergeben. Holz von bestimmter Ringbreite ist um so schlechter, je weiter nach oben die Probestücke entnommen sind. Ein Unterschied zwischen beiden Tabellen besteht darin, dass bei im Schluss erwachsenen Kiefern die unteren Stammtheile bis zu 7 m Baumhöhe etwa erheblich besseres, oberhalb 7 m dagegen geringwerthigeres Holz besitzen als die im lichteren Stande erwachsenen Bäume.

Vergleicht man den Splint der verschiedenen Bäume, so zeigt sich, dass mit Ausschluss der oberen, innerhalb der Baumkrone belegenen Schafttheile der grösseren Ringbreite auch die bessere Qualität entspricht, wogegen im Kernholze umgekehrt die bessere Qualität dem engringigen Holze entspricht. Ausnahmen kommen allerdings auch hier vor, wie das ja erklärlich ist, wo

70jährige Kiefern, im lichten Stande erwachsen.

118 Stücke.

Baumhöhe	Bezeichnung der Holzstücke	0—1,0 mm			1,1—2,0 mm			2,1—3,0 mm			3,1—4,0 mm			4,1—5,0 mm			5,1—8,0 mm		
		Substanz	Specif. Gewicht	Schwinden	Substanz	Specif. Gewicht	Schwinden	Substanz	Specif. Gewicht	Schwinden	Substanz	Specif. Gewicht	Schwinden	Substanz	Specif. Gewicht	Schwinden	Substanz	Specif. Gewicht	Schwinden
1,5 {	Splint	46,2	53,4	13,2	46,9	53,3	11,8	—	—	—	—	—	—	—	—	—	—	—	—
	Kern	—	—	—	—	—	—	43,5	48,2	9,6	44,0	48,7	9,7	—	—	—	45,4	50,7	10,0
4,6 {	Splint	42,0	48,6	13,3	44,3	50,2	11,6	—	—	—	—	—	—	—	—	—	—	—	—
	Kern	—	—	—	—	—	—	42,0	47,7	12,0	41,6	46,9	11,2	—	—	—	39,5	43,1	9,5
7,7 {	Splint	40,3	45,1	10,8	42,4	48,1	11,5	—	—	—	—	—	—	—	—	—	—	—	—
	Kern	—	—	—	—	—	—	40,3	45,9	12,3	41,4	46,7	11,4	39,5	43,9	10,2	39,1	43,3	9,0
10,8 {	Splint	—	—	—	42,5	49,1	12,8	—	—	—	—	—	—	—	—	—	—	—	—
	Kern	—	—	—	—	—	—	41,0	46,8	12,3	41,6	45,7	9,0	40,5	45,7	11,4	39,6	41,6	7,4
13,9 {	Splint	—	—	—	43,0	49,4	12,8	—	—	—	—	—	—	—	—	—	—	—	—
	Kern	—	—	—	—	—	—	41,1	45,9	10,4	41,5	46,9	11,1	40,4	44,2	8,6	—	—	—
17,0 {	Splint	—	—	—	42,9	48,9	12,2	42,0	47,5	11,5	—	—	—	—	—	—	—	—	—
	Kern	—	—	—	—	—	—	44,2	48,6	9,0	41,1	44,7	8,0	—	—	—	—	—	—
20,1 {	Splint	—	—	—	41,5	47,6	12,8	40,9	47,2	10,3	—	—	—	—	—	—	—	—	—
	Kern	—	—	—	—	—	—	—	—	—	39,0	44,6	12,7	39,1	42,5	7,8	—	—	—
23,2	Splint	—	—	—	40,2	44,2	9,4	—	—	—	37,8	42,4	10,9	—	—	—	—	—	—

90jährige Kiefern, im dichten Schlusse erwachsen.

150 Stücke.

Baum-höhe	Bezeich-nung der Holz-stücke	0—1,0 mm			1,1—2,0 mm			2,1—3,0 mm			3,1—4,0 mm			4,1—5,0 mm		
		Sub-stanz	Specif. Ge-wicht	Schwin-den	Sub-stanz	Specif. Ge-wicht	Schwin-den	Sub-stanz	Specif. Ge-wicht	Schwin-den	Sub-stanz	Specif. Ge-wicht	Schwin-den	Sub-stanz	Specif. Ge-wicht	Schwin-den
1,5 {	Splint	46,3	54,1	14,4	46,5	54,4	13,7	—	—	—	—	—	—	—	—	—
	Kern	—	—	—	47,5	54,4	12,7	45,9	52,7	12,9	45,4	50,6	10,3	41,4	46,2	10,4
6,7 {	Splint	42,2	48,9	13,9	44,9	51,7	11,7	—	—	—	—	—	—	—	—	—
	Kern	—	—	—	44,8	50,8	11,7	40,8	46,1	11,2	40,3	45,8	11,9	39,0	43,6	10,6
11,9 {	Splint	39,6	44,7	11,6	41,4	46,8	11,4	41,0	47,2	13,1	—	—	—	—	—	—
	Kern	—	—	—	40,0	45,9	12,8	40,3	45,9	10,9	38,9	43,4	10,6	40,5	46,1	12,1
17,1 {	Splint	40,4	45,9	11,9	39,2	44,4	11,6	39,9	44,7	10,8	—	—	—	—	—	—
	Kern	—	—	—	—	—	—	40,1	45,0	10,8	40,4	45,1	10,7	38,2	42,7	10,3
22,3 {	Splint	—	—	—	39,8	45,0	11,5	38,2	43,8	10,3	—	—	—	—	—	—
	Kern	—	—	—	—	—	—	39,4	44,3	11,0	—	—	—	—	—	—
27,5	Splint	—	—	——	39,5	44,5	11,4	38,1	42,3	9,8	—	—	—	—	—	—

zwei sich einander in ihrer Wirkung bekämpfende Einflüsse in Frage kommen, von denen bald der eine, bald der andere die Ueberhand gewinnt.

Die beiden **Fichtentafeln** lassen sehr auffällige Verschiedenheiten, bedingt durch die Erziehungsart, erkennen.

Bei bestimmter Ringbreite ist im Schlusse erwachsenes Holz in allen Baumhöhen von nahezu gleicher Güte, während im lichten Stande Holz von gleicher Ringbreite nach oben an Güte zunimmt. Wie das erklärt werden kann, habe ich Seite 68 näher ausgeführt. Die schnelle Erwärmung der oberen Bodenschichten und der darin vorzüglich entwickelten Wurzeln der Fichte hat bei lichter Stellung ein frühzeitiges Erwachen der Zuwachsthätigkeit im unteren Baumtheile und desshalb eine relativ reichliche Frühjahrsholzproduction zur Folge.

Beim Vergleich der verschiedenen Bäume sehen wir, dass im 123 jährigen Bestande das Splintholz um so besser ist, je enger die Ringbreiten in jeder Baumhöhe sind, dass aber ein Herabsinken desselben unter 0,8 mm mit einer Verminderung der Güte verknüpft ist. Das allgemeine Sinken der Holzgüte in den letzten 20 Jahren aber giebt sich zu erkennen daran, dass fast ausnahmslos die Kernholzstücke von besserer Qualität sind, als die Splintholzstücke. Umgekehrt ist im 75 jährigen Bestande in der unteren Hälfte des Baumschaftes das Splintholz besser, als das Kernholz, da offenbar mit zunehmendem Alter auch der Bestandesschluss verbessert und zugleich die Holzgüte gestiegen ist. Im Gipfel verhalten sich diese Fichten naturgemäss ähnlich denen des anderen Bestandes. Jahresringe unter 1 mm Breite kommen nicht vor und die grösste Qualität liegt hier bei den engringigen Bäumen.

Was endlich die **Weisstanne** betrifft, so giebt die nachstehende Tabelle die Zusammenstellung der Holzstücke mit gleichen Ringbreiten. Zunächst fällt die grosse Verschiedenheit des Holzes bei gleicher Ringbreite der verschiedenen Baumhöhen auf. Insbesondere sind die beiden untersten Sectionen bedeutend bevorzugt vor den oberen. Es dürfte hierin die Abhängigkeit des Beginnes vegetativer Thätigkeit von der Erwärmung der in die Tiefe gehenden Wurzeln zum Ausdruck gelangen.

Im Gegensatz zur Fichte zeigen die in den letzten 30 Jahren sehr wuchskräftigen, d. h. breitringigen Bäume bessere Qualität, als die engringigen Stämme, während in den jüngeren Jahren, zur Zeit als das Kernholz und die Mittelstücke gebildet wurden, die engringigen Bäume besseres Holz besassen, als die breitringigen Bäume.

Es geht auch hieraus wieder hervor, dass es zur Erziehung besseren Holzes angezeigt ist, in der Jugend die Bäume im engen Schlusse zu erziehen, im höheren Alter dagegen die Ringbreite zu fördern durch angemessene Pflege der Baumkrone.

75jährige, im lichten Stande erwachsene Fichten.

Baum-höhe	Bezeich-nung der Holz-stücke	1—2 mm			2,1—3 mm			3,1—4 mm			4,1—5 mm			5,1—6 mm		
		Sub-stanz	Specif. Ge-wicht	Schwin-den	Sub-stanz	Specif. Ge-wicht	Schwin-den	Sub-stanz	Specif. Ge-wicht	Schwin-den	Sub-stanz	Specif. Ge-wicht	Schwin-den	Sub-stanz	Specif. Ge-wicht	Schwin-den
1,5	Splint	38,3	44,1	14,8	36,8	42,3	14,3	—	—	—	—	—	—	—	—	—
	Kern	—	—	—	37,2	41,9	11,8	36,2	40,6	10,8	35,1	38,8	9,2	—	—	—
4,6	Splint	38,4	44,9	15,0	40,0	46,4	13,7	—	—	—	—	—	—	32,8	37,3	11,9
	Kern	—	—	—	36,2	41,6	13,3	35,8	40,9	12,9	36,2	41,2	12,2	—	—	—
7,7	Splint	38,5	45,0	14,3	40,5	45,1	10,1	—	—	—	—	—	—	32,7	35,9	8,9
	Kern	—	—	—	36,2	41,7	12,9	37,4	42,4	11,5	34,4	38,3	10,2	—	—	—
10,8	Splint	40,0	46,7	15,3	40,1	46,9	14,3	—	—	—	—	—	—	34,7	36,9	6,0
	Kern	—	—	—	36,8	42,5	13,0	37,4	42,6	13,2	36,7	42,0	14,1	—	—	—
13,9	Splint	39,5	46,5	15,3	37,2	42,8	12,9	—	—	—	—	—	—	34,3	37,5	8,7
	Kern	—	—	—	38,8	45,3	13,2	38,4	43,4	11,1	36,0	40,8	11,8	—	—	—
17,0	Splint	39,1	45,5	15,9	38,0	44,5	14,4	35,8	40,0	10,3	—	—	—	35,8	38,5	7,1
	Kern	—	—	—	39,1	44,8	12,7	40,6	45,5	10,2	37,1	41,5	10,6	—	—	—
20,1	Splint	41,9	49,0	17,0	39,9	46,5	14,3	34,3	40,5	15,2	—	—	—	—	—	—
	Kern	—	—	—	—	—	—	37,8	43,6	13,1	39,9	43,1	9,3	—	—	—
23,2	Splint	42,2	49,3	14,3	39,9	46,3	14,3	35,9	42,1	15,9	—	—	—	—	—	—
	Kern	—	—	—	41,5	50,0	12,3	39,0	43,8	11,1	38,9	42,3	8,1	—	—	—
26,3	Splint	—	—	—	45,3	50,6	11,4	40,8	46,2	11,8	—	—	—	—	—	—

123jährige Fichten, im dichten Schlusse erwachsen.

Baum-höhe	Bezeich-nung der Holz-stücke	0—0,7 mm			0,8—1,0 mm			1,1—1,5 mm			1,6—2,0 mm			2,1—2,5 mm			2,6—3,0 mm		
		Sub-stanz	Specif. Ge-wicht	Schwin-den	Sub-stanz	Specif. Ge-wicht	Schwin-den	Sub-stanz	Specif. Ge-wicht	Schwin-den	Sub-stanz	Specif. Ge-wicht	Schwin-den	Sub-stanz	Specif. Ge-wicht	Schwin-den	Sub-stanz	Specif. Ge-wicht	Schwin-den
1,5 {	Splint	40,6	48,2	14,1	43,5	51,3	15,4	40,9	47,2	12,8	40,5	46,5	12,8	—	—	—	—	—	—
	Kern	—	—	—	46,7	55,9	16,2	42,6	49,5	14,0	42,1	48,1	12,4	—	—	—	—	—	—
6,7 {	Splint	41,7	49,1	15,0	43,0	50,3	14,5	40,9	47,1	13,5	—	—	—	—	—	—	—	—	—
	Kern	—	—	—	44,9	53,0	15,3	43,2	49,9	13,5	40,1	46,4	13,3	40,3	46,2	13,3	—	—	—
11,9 {	Splint	40,8	47,3	13,6	42,8	50,3	14,8	42,0	47,7	12,0	—	—	—	—	—	—	—	—	—
	Kern	—	—	—	44,1	51,9	14,9	41,7	48,0	13,0	40,4	46,5	13,1	39,1	45,2	13,6	40,2	44,2	9,2
17,1 {	Splint	41,9	48,8	14,7	41,2	48,3	14,4	40,7	46,8	12,9	—	—	—	—	—	—	—	—	—
	Kern	—	—	—	43,6	50,8	14,2	40,5	45,9	11,9	41,4	46,7	11,3	40,4	46,1	12,4	40,3	44,4	9,4
22,3 {	Splint	—	—	—	40,3	46,1	12,3	39,4	45,5	13,1	—	—	—	—	—	—	—	—	—
	Kern	—	—	—	—	—	—	40,9	47,2	12,2	42,1	47,8	12,2	40,3	45,6	11,4	—	—	—
27,5 {	Splint	—	—	—	—	—	—	39,9	45,6	12,3	38,6	43,7	11,7	—	—	—	—	—	—
	Kern	—	—	—	—	—	—	—	—	—	42,7	47,8	10,8	41,4	46,5	11,1	—	—	—
31,0	Splint	—	—	—	—	—	—	42,7	48,9	12,6	41,3	46,7	10,9	43,4	49,3	11,9	40,9	44,9	10,7

100jährige Weisstannen.

163 Stücke.

Baum-höhe	Bezeich-nung der Holz-stücke	0—1 mm			1,1—2,0 mm			2,1—3,0 mm			3,1—4,0 mm		
		Sub-stanz	Specif. Ge-wicht	Schwin-den	Sub-stanz	Specif. Ge-wicht	Schwin-den	Sub-stanz	Specif. Ge-wicht	Schwin-den	Sub-stanz	Specif. Ge-wicht	Schwin-den
1,5	Splint	39,2	45,2	13,3	40,7	46,2	12,0	41,8	46,8	10,7	—	(47,7)	—
	Mitte	—	—	—	40,0	45,7	12,4	39,4	43,6	9,6	—	—	—
	Kern	—	—	—	40,2	45,2	10,8	37,9	42,7	11,1	—	—	—
6,7	Splint	37,8	43,7	13,1	40,5	46,2	12,4	—	—	—	—	—	—
	Mitte	—	—	—	38,4	44,2	12,5	37,4	42,3	12,8	—	—	—
	Kern	—	—	—	—	—	—	36,9	41,4	10,8	—	—	—
11,9	Splint	35,1	40,3	12,8	37,1	42,5	12,7	—	—	—	—	—	—
	Mitte	—	—	—	38,9	40,5	11,3	35,3	40,0	12,4	—	—	—
	Kern	—	—	—	—	—	—	35,1	39,2	10,4	35,2	39,2	10,3
17,1	Splint	32,6	37,4	12,7	37,1	42,1	11,8	39,0	43,4	10,2	—	—	—
	Mitte	—	—	—	—	—	—	36,1	41,1	12,0	—	—	—
	Kern	—	—	—	—	—	—	36,2	40,4	10,0	34,4	38,0	9,4
22,3	Splint	—	—	—	35,9	40,6	11,8	37,7	42,1	10,3	—	—	—
	Mitte	—	—	—	—	—	—	36,9	40,5	8,9	34,4	39,9	9,0
	Kern	—	—	—	—	—	—	35,8	39,1	8,6	34,0	37,6	8,5
27,5	Splint	—	—	—	—	—	—	36,7	41,3	10,9	38,7	42,6	9,1
32,0	Splint	—	—	—	—	—	—	—	—	—	41,4	44,9	8,1

Für die Beurtheilung der mittleren Holzgüte bei verschieden starken Bäumen eines Bestandes ist im Auge zu behalten, dass die geringeren Stammklassen bis zu dem Alter, in welchem ihr Zuwachs in Folge von Unterdrückung erheblich abnimmt, meist von besserer Holzqualität sind, als die Bäume der ersten Stammklassen, da das Erwachen ihrer cambialen Thätigkeit später stattfindet, als bei den im Höhenwuchs vorangeeilten, und meist mehr auf lichten Stellen stehenden prädominirenden Bäumen. Das zur Zeit der wirklichen Unterdrückung erzeugte Holz ist dagegen wieder sehr schlecht und drückt die mittlere Qualität des Holzes solcher Bäume wieder herab. Da nun sehr oft Bäume, die in der Jugend unterdrückt waren, später durch Lichtstellung zu Bäumen erster Stärke sich entwickeln, umgekehrt andere Bäume, welche in der Jugend dominirend waren, durch noch kräftigere Nachbarn später im Wuchse zurückgehalten wurden, so ist leicht einzusehen, wie Bäume gleicher Dimensionen doch von sehr verschiedener Qualität sein können. Daneben sind individuelle Verschiedenheiten zweifellos auch von grossem Einflusse auf die Qualität des Holzes.

* * *

Kapitel XI.

Die Eigenthümlichkeiten der einzelnen Holzarten.

a. Das Lärchenholz.

Das Lärchenholz nimmt auch nach den Angaben in der forstlichen Litteratur unter den deutschen Nadelwaldbäumen mit Ausschluss der Eibe die erste Stelle ein. Gayer[1]) giebt als Grenzen für den Frischzustand 0,52 bis 1,00, für den lufttrockenen Zustand 0,44—0,80 und als Mittelwerthe frisch 0,81, lufttrocken 0,59 an. Der absolut trockene Zustand wäre demnach etwa 0,56 (0,41—0,77). Prüfen wir auf Grund der vorliegenden Untersuchungen den Werth dieser Zahlen.

Die Grenzwerthe, die ja bisher in der Wissenschaft eine grosse Rolle gespielt haben, verdienen nur wenig Berücksichtigung. Bezüglich der Frischgewichte liegen sie nach unseren Untersuchungen höher, als Gayer sie angiebt, nämlich zwischen 57,4—114,4 (Gayer 52—100). Das Mittel der 5 Bäume des Revier Kranzberg (70jähriges Alter) beträgt 81,8 (Gayer 81).

---

1) Die Forstbenutzung. 6. Aufl. 1883.

Die Grenzwerthe des trockenen Zustandes liegen zwischen 40,0—77,9 (Gayer 41—77).

Aus diesen Grenzwerthen sind wir aber durchaus nicht im Stande, ein Urtheil uns zu bilden über die mittlere Qualität der Hölzer. Alter, Standort, Baumhöhe, Klima, Erziehungsweise beeinflussen in dem bereits hervorgehobenen Maasse die Güte des Holzes.

Lärche, 70jährig.

Baumhöhe	Bezeichnung der Holzstücke	Mittlere Ringbreite	Substanz	Specif. Gewicht	Schwinden	Zahl der Probestücke
1,5	Splint	—	47,4	54,8	13,4	6
	Kern	—	53,0	59,4	10.4	9
	Holz	2,20	51,2	57,2	10,7	15
6,7	Splint	—	44,5	51,7	14,0	5
	Kern	—	48,7	55,9	13,0	8
	Holz	2,14	47,3	54,6	13,2	13
11,9	Splint	—	43,7	50,1	12,7	5
	Kern	—	48,6	55,3	12,2	8
	Holz	2,08	47,2	53,8	12,4	13
17,1	Splint	—	43,7	50,9	14,0	5
	Kern	—	47,2	53,5	11,7	8
	Holz	2,34	45,7	52,2	12,3	13
22,3	Splint	—	43,7	50,8	14,0	5
	Kern	—	46,1	52,2	11,4	6
	Holz	2,50	44,4	51,0	12,9	11
27,5	Splint	—	43,0	49,4	11,6	5
	Kern	—	46,0	50,8	9,4	1
	Holz	3,16	42,9	49,2	12,6	6
Summa Splint			44,9	51,8	13,3	31
Summa ganzer Holzkörper			48,5	55,2	12,1	71

Die vorstehende Zusammenstellung giebt zunächst einen Einblick in die Verschiedenheiten, welche durch die Baumhöhe bedingt werden. Sowohl im Splint als im Kern sinkt die Qualität bedeutend nach oben, demgemäss vermindert sich auch das Gewicht des ganzen Holzkörpers von 57,2 (unten) auf 49,2 (oben). Der Gesammtsplint des Baumes wiegt 51,8, der ganze Holzkörper (Splint und Kern) 55,2.

Dass die Abnahme der Holzgüte nach oben allgemein und nicht nur für den vorstehend bezeichneten Bestand giltig ist, beweisen die Seite 51—54 mitgetheilten Resultate der Untersuchungen an den 45 jährigen Lärchen des Nürnberger Reichswaldes, bei denen auf 1½ m Höhe der ganze Holzkörper im Mittel 55,2 auf 10 m Höhe nur 52,0 wiegt. Eine 100 jährige Lärche aus Tyrol in 950 m Hochlage hatte auf Brusthöhe 62,7, auf 9 m Höhe 57,0 Gewicht.

Es steht uns nun eine ganze Reihe von Untersuchungen an Lärchen zur Verfügung, für die aber nur das Holz auf 1—1½ m Höhe vorlag.

Das mittlere Gewicht ganzer Stämme ist nach den vorliegenden Untersuchungen um 2—3 niedriger, als das auf Brusthöhe. Berechnet man hiernach das Gewicht der Stämme aus Hochgebirgslagen von 1000 m und darüber, so stellt sich dasselbe durchschnittlich auf 60 (Kern und Splint zusammengenommen). Das Kernholz ohne Splint stellt sich auf 62,0. Es handelt sich hierbei um Bäume zwischen 100—200 jährigem Alter.

Vergleicht man hiermit das Lärchenholz der bayrischen Hochebene (500 m) und des Nürnberger Reichswaldes (300 m), so fehlen uns hier allerdings die ganz alten Lärchen, immerhin sind die 70 jährigen Bäume des Reviers Kranzberg nahezu haubar und von denselben oder grösseren Dimensionen, wie jene Hochgebirgslärchen. Sie zeigen im 70 jährigen Alter ein Gewicht von 55,2 (Kern und Splint), während das Kernholz etwa 57 besitzt. Dem 45 jährigen Alter entspricht ein mittleres Gewicht von 53 bei einem Kernholzgewicht von 52.

Von ausserordentlicher Güte ist das Kernholz der Aeste. Ein Ast (40 jährig) von 4,6 cm Durchmesser hatte bei 0,5 mm Ringbreite 82,2 für Kern und bei 0,33 Ringbreite 42,6 für Splint.

Dagegen ist das Wurzelholz sehr geringwerthig. Eine 70 jährige Wurzel von 6,0 cm Durchmesser hatte im Kern (0,6 mm Ringbreite) 43,2 und im Splint (0,3 mm Ringbreite) 34,8 Gewicht.

Um zu zeigen, dass individuelle oder durch äussere, nicht sofort erkennbare Verhältnisse bedingte Abweichungen von diesen Regeln vorkommen, gebe ich umstehend das Untersuchungsresultat zweier Lärchen, von denen die eine in Hochgebirgslage erwachsen, ungemein geringwerthiges Holz besass, während die zweite aus den bayrischen Vorbergen eine ausgezeichnete Güte erkennen lässt. Die untersuchten Stücke sind auf 1 m Baumhöhe entnommen.

Ein mir durch Professor Tursky in Moskau übersandtes Stammstück der sibirischen Lärche von 24 cm Durchmesser, aber nicht näher bezeichneter Baumhöhe zeichnete sich durch wenig dunklen Kern und sehr geringe Güte aus. Der Splint von 3 mm Ringbreite hatte 47,2, der Kern bei 3,4 mm Ringbreite 52,9 Gewicht, das ganze Stück im Mittel 50,7. Ich unterlasse es, dies Holz weiter zu besprechen, da es mir sehr wahrscheinlich ist, dass die Geringwerthigkeit eine specifische Eigenthümlichkeit der Larix sibirica sei.

120jährige Lärche (cfr. vorige Seite unten).

22 m Höhe, 26,4 cm Durchmesser, 1450 m Hochlage. Vereinzelte Zirbeln, Lärchen und Fichten mit Latschen.

Alter	Jahrringbreite	Jährlicher Flächen-zuwachs	Specifisches Trocken-gewicht
107—120 (14)	0,46 Splint	3,756	52,3
92—106 (15)	0,90 „	6,715	54,2
72— 91 (20)	0,75 Kern	4,925	56,3
52 — 71 (20)	1,15 Holz	6,178	59,3
32— 51 (20)	1,55 „	5,697	56,7
8— 31 (24)	1,80 „	2,420	55,0
Durchschnitt	1,17	4,844	56,2

70jährige Lärche (cfr. vorige Seite unten).

25 m Höhe, 26,8 Durchmesser, 540 m Hochlage. Ueberhälter über 12jährigem Jungwuchs von Tannen etc.

Alter	Jahrringbreite	Jährlicher Flächen-zuwachs	Specifisches Trocken-gewicht
57—70 (14)	2,43 Splint	17,850	58,1
41—56 (16)	1,19 Kern	6,752	70,7
27—40 (14)	1,93 „	8,180	67,7
17—26 (10)	2,70 „	6,871	59,7
5—16 (12)	2,25 „	1,910	58,9
Durchschnitt	2,03	8,547	62,6

Bei keiner Holzart tritt so scharf und deutlich, wie bei der Lärche, die Gewichtszunahme hervor, die mit der Veränderung des Splintholzes in Kernholz verbunden ist. Allerdings sind wir nicht berechtigt, das Mindergewicht des Splintes gegenüber dem Kern, wie solches die verschiedenen im Text vertheilten oder am Schlusse der Arbeit zusammengestellten Tabellen zeigen, unmittelbar als die Differenz zu betrachten, welche durch die Verkernung noch ausgeglichen wird, vielmehr müssen wir berücksichtigen, dass mit der Zunahme des Massenzuwachses ja an sich eine Verbesserung, mit der Abnahme eine Verminderung auch der Splintholzqualität verknüpft ist, dass also die Differenz des Splintgewichts von dem Kern das Resultat zweier sich entweder summirender, oder oft auch gegenseitig theilweise aufhebender Einflüsse ist. Desshalb ist es auch nicht möglich, in Zahlen festzustellen, um wie viel sich das Splintholz beim Uebergange zu Kernholz verbessert. Jeden-falls ergiebt aber eine sorgfältige Prüfung der vorliegenden Untersuchungen, dass unter Umständen eine Gewichtszunahme bis zu 10 pCt. der Substanz und mehr einzutreten vermag. In den Hochgebirgslagen scheint dieser Ver-kernungsprocess ein weit energischerer zu sein, als in der Ebene und schon die tief rothbraune Färbung jenes Holzes spricht dafür.

Die alte Tyroler Lärche Seite 40 hat im jüngsten Kern 77,9 Gewicht, im ältesten Splinte nur 51,0, obgleich die Zuwachsgrösse nicht erheblich geringer ist, als in der Zeit, in welcher das letzte Kernholz gebildet wurde. Die Gewichtsdifferenz beträgt also 26,9 oder etwa 50 pCt. der Splintholz-substanz. Es scheint, als werde unter gewissen Verhältnissen ein unge-mein grosser Antheil der Bildungsstoffe nicht zur Neubildung von Zellen, sondern zur Erzeugung jener verkernenden Substanzen verbraucht, welche vorwiegend aus Gerbstoffen bestehend aus den Parenchymzellen der Mark-strahlen den angrenzenden Tracheiden sich mittheilt und die Wandungs-substanz gleichsam imprägnirt.

b. Das Kiefernholz.

Das Holz der gemeinen Kiefer hat nach Gayer, welcher meine älteren Untersuchungen in seiner neusten Auflage schon berücksichtigt, ein Frisch-gewicht von 0,38—1,04, ein Lufttrockengewicht von 0,31—0,74, ein mitt-leres Frischgewicht von 0,82 und ein mittleres Lufttrockengewicht von 0,52 (= 0,49 Trockengewicht).

Was zunächst das Frischgewicht betrifft, so schwankt dasselbe nach Baumtheil und Jahreszeit zwischen 46,6 und 107,1 und beträgt im Mittel ganzer Bestände von angehend haubarem Alter 82, während bei sehr alten Bäumen dasselbe auf 77,6 herabsinkt. Was die Grenzen des absoluten Trockengewichts betrifft, so liegen diese zwischen 32,6—74,6 (Gayer 29 bis 71).

Um einen Einblick zu verschaffen in die Vertheilung der organischen Substanz auf die verschiedenen Baumtheile, gebe ich nachstehend in zwei Tabellen die Zusammenstellung der Untersuchungsresultate der beiden Kiefern-bestände bei München.

Dieselben zeigen trotz verschiedenen Alters und ungleicher Erziehungs-weise doch im Ganzen dieselbe Durchschnittsqualität. Der im Schluss und zwar in Untermischung mit Fichten und Tannen erwachsene 80—100jährige Kiefernbestand hat zwar eine erheblich grössere Baumhöhe, aber weitaus nicht die Stärke der Bäume auf Brusthöhe erreicht, welche den im lichten Stande erwachsenen 70jährigen Kiefern eigenthümlich ist.

70jährige, im lichten Stande erwachsene Kiefern.

Baumhöhe	Bezeichnung der Holzstücke	Mittlere Ringbreite	Substanz	Specif. Gewicht	Schwinden	Zahl der Probestücke
1,5	Splint	—	45,8	52,3	12,2	6
	Kern	—	44,7	49,6	9,8	12
	Holz	2,78	45,0	50,6	10,7	18
4,6	Splint	—	43,1	49,3	12,4	6
	Kern	—	40,3	45,0	9,9	12
	Holz	2,47	41,7	47,1	11,4	18
7,7	Splint	—	41,7	47,1	11,3	6
	Kern	—	40,3	45,2	10,7	12
	Holz	2,55	41,0	46,2	11,1	18
10,8	Splint	—	42,5	49,1	12,8	6
	Kern	—	40,9	45,6	13,6	12
	Holz	2,50	41,8	47,3	11,5	18
13,9	Splint	—	43,0	49,4	12,8	6
	Kern	—	41,1	45,9	10,2	12
	Holz	2,60	42,3	48,1	12,0	18
17,0	Splint	—	42,3	47,9	11,6	6
	Kern	—	42,1	46,0	8,3	6
	Holz	2,57	42,4	47,6	10,9	12
20,1	Splint	—	41,1	47,3	11,1	6
	Kern	—	39,5	43,9	10,1	4
	Holz	2,37	41,0	46,1	11,1	10
23,2	Splint	1,95	40,2	44,2	9,4	4
Durchschnitt des Splintes			43,1	49,1	—	—
Summa des ganzen Holzkörpers			42,6	47,9	11,2	126

80—100jährige, im Schlusse erwachsene Kiefern.

Baumhöhe	Bezeichnung der Holzstücke	Mittlere Ringbreite	Substanz	Specif. Gewicht	Schwinden	Zahl der Probestücke
1,5	Splint	—	45,9	53,8	14,1	10
	Kern	—	45,0	51,1	11,9	22
	Holz	2,02	45,6	51,8	12,8	32
6,7	Splint	—	43,2	50,1	13,7	13
	Kern	—	41,3	46,7	11,5	20
	Holz	1,83	42,2	48,4	12,6	33
11,9	Splint	—	40,8	46,2	11,7	13
	Kern	—	39,6	44,5	11,2	18
	Holz	2,06	40,3	45,5	11,5	31

80—100 jährige, im Schlusse erwachsene Kiefern.

Baumhöhe	Bezeichnung der Holzstücke	Mittlere Ringbreite	Substanz	Specif. Gewicht	Schwinden	Zahl der Probestücke
	Splint	—	39,6	44,7	11,4	13
17,1	Kern	—	39,6	44,2	10,6	15
	Holz	2,30	39,6	44,4	11,1	28
	Splint	—	39,4	44,1	10,6	13
22,3	Kern	—	39,6	44,4	10,7	5
	Holz	2,50	39,5	44,2	10,6	18
27,5	Holz	2,67	38,6	43,2	10,4	8
Summa aller Probestämme, Splint			42,9	48,4	—	—
Summa des ganzen Holzkörpers			42,3	47,5	12,1	150

Die Jahrringbreiten nehmen mit Ausnahme der untersten Section deutlich nach oben zu, während im 70jährigen Bestande der lichtere Stand eine annähernd gleiche Ringbreite im ganzen Baum zur Folge gehabt hat.

Der 80—100 jährige Bestand lässt eine Steigerung der Qualität im unteren Baumtheile von 11,9 an abwärts erkennen. Der Bestandesschluss und die Beschattung des Bodens hat also günstig auf die Qualität der unteren Stammtheile gewirkt, indem deren cambiale Thätigkeit verzögert worden ist.

Der lichte Stand des 70 jährigen Bestandes hat dagegen ungünstig auf die Qualität im unteren Stammtheile gewirkt. Von 4,6 m Höhe an bis zur Spitze des Baumes bleibt sich die Qualität fast gleich. Sie ist in 4,6 m Höhe 47,1, bei 20,1 m 46,1 und nur auf Brusthöhe ist die Qualität bssser als im sonstigen Baume.

Wir werden später sehen, dass bei der Fichte die Beschattung des Bodens bei dichtem Schlusse denselben Einfluss auf die Qualität der verschiedenen Baumhöhen ausübt, wie bei der Kiefer. Die mittlere Qualität der Kiefer im 70—100 jährigen Alter auf dem lehmigen und kalkreichen Boden der oberbayrischen Hochebene beträgt also zwischen 47 und 48.

Im 20—25 jährigen Alter zeigt die Kiefer auf demselben Boden nach meinen älteren Untersuchungen ein mittleres Trockengewicht von 40,5.

Vergleichen wir hiermit die Qualitäten der Kiefer auf anderen Standorten, so stehen uns zunächst meine Untersuchungen des Kiefernholzes der Mark Brandenburg zur Verfügung. Nehmen wir an, dass das von mir damals berechnete Lufttrockengewicht um 3 höher sei als das wirkliche Trockengewicht und vermindern wir um diesen Betrag das gefundene Lufttrockengewicht, so ergiebt eine Zusammenstellung der je 5 Probestämme jedes untersuchten Bestandes die Zahlen folgender Zusammenstellung.

Durchschnitts-Trockengewicht ganzer Kiefernbestände der Mark Brandenburg.

Baumhöhe	Mittlere Jahrringbreite	Specif. Trockengewicht	Zahl der Probestücke
135 jähriger Bestand. II. Standortsgüte.			
1,2	1,81	60,2	
3,1	1,73	54,0	
5,0	1,75	51,6	
6,9	1,77	50,6	
8,8	1,77	48,0	
10,7	1,74	46,6	
12,5	1,74	47,2	
14,4	1,76	48,0	
16,3	1,71	45,0	
18,2	1,72	48,7	
20,1	1,63	48,8	
22,0	1,75	47,3	
23,9	1,27	46,0	
Durchschnitt		50,9	59
135 jähriger Bestand. II./III. Standortsgüte.			
1,2	1,80	55,6	
3,1	1,77	53,6	
5,0	1,78	50,2	
6,9	1,71	49,2	
8,8	1,81	47,0	
10,7	1,78	43,4	
12,5	1,80	43,0	
14,4	1,83	47,2	
16,3	1,81	43,5	
18,2	1,68	48,0	
20,1	1,75	41,7	
22,0	1,75	46,0	
Durchschnitt		49,4	51

Baumhöhe	Mittlere Jahrringbreite	Specif. Trockengewicht	Zahl der Probestücke
130 jähriger Bestand. II. Standortsgüte.			
1,2	2,00	55,7	
3,8	1,93	52,2	
7,5	1,91	47,7	
11,3	1,99	46,5	
15,1	2,05	45,5	
18,8	2,00	47,0	
22,6	1,95	46,7	
Durchschnitt		48,9	27
117 jähriger Bestand. II./III. Standortsgüte.			
1,2	1,76	55,2	
3,8	1,72	52,6	
7,5	1,71	47,8	
11,3	1,80	46,2	
15,1	1,80	43,4	
18,8	1,87	43,8	
22,6	1,79	44,5	
26,4	1,82	46,0	
Durchschnitt		48,3	37
85 jähriger Bestand. I./II. Standortsgüte.			
1,2	2,22	57,6	
3,8	2,12	53,2	
7,5	2,11	48,4	
11,3	2,17	46,4	
15,1	2,38	44,8	
18,8	2,46	46,2	
22,6	2,83	46,7	
Durchschnitt		50,0	33

Wir erkennen zunächst, dass die Qualität dieser Bestände eine merklich bessere ist, als die der Kiefern von Oberbayern, obgleich der Massenzuwachs sowie der Höhenzuwachs nicht grösser ist als hier.

Es scheint, dass der gute, tiefgründige Sandboden besonders werthvolles Kiefernholz erzeugt. Im Durchschnitt zeigen die Bestände der Mark ein specifisches Trockengewicht im Haubarkeitsalter von 50,0, während die 70-

bis 100 jährigen Bestände Oberbayerns 47,5 — 48,0 zeigen, allerdings in der Qualitätszunahme noch begriffen sind und wohl auf 49 emporsteigen dürften.

Die mittleren Jahrringbreiten bleiben sich in den alten Beständen der Mark nahezu gleich und nur bei den jüngeren 85 jährigen und 117 jährigen Beständen, welche noch sehr dicht geschlossen waren, nimmt die Ringbreite nach oben etwas zu. Auch bei diesen Beständen nimmt die Qualität von unten nach oben bis etwa auf 11 m Höhe ab und bleibt sich dann im oberen Schafte nahezu gleich, mit geringen Schwankungen, die theilweise durch die Gegenwart von Aesten in den Versuchsstücken, die bei jenen älteren Versuchen nicht zu vermeiden waren, sich erklären.

Die der Tertiär- und Triasformation angehörenden Sandböden scheinen weit weniger günstig für die Kiefer zu sein, als die norddeutschen Sandböden, obgleich es schwer zu beurtheilen ist, in wie weit die geringere Güte durch Streurechen oder durch die Bodenbeschaffenheit an sich bedingt wird.

Aus dem Revier Geisenfeld bei Ingolstadt ist eine 235 jährige und eine 115 jährige Kiefer untersucht und sind die sehr genauen auf Süd- und Nordseite getrennt ausgeführten Untersuchungen am Schlusse dieser Arbeit in den Einzeltabellen mitgetheilt. Die geringe Stammhöhe in diesem Alter (23 resp. 23,6 m) zeigt die Geringwerthigkeit des Standortes am besten an. Dem entsprechend ist die Qualität des 235 jährigen Baumes im Ganzen nur 49,4, was für das hohe Alter und den relativ geringen Antheil des Splintholzes als niedrig zu bezeichnen ist. Die Durchschnittsqualität des 115 jährigen Baumes ebendaher beträgt 48,2, entspricht also etwa der Qualität der Kiefern aus Kranzberg und Kasten. Erheblich geringwerthiger ist das Holz der Kiefern von den ausgeraubten Sandböden des Nürnberger Reichswaldes. Ich verweise bezüglich des Einflusses der Bodengüte auch auf das, was ich Seite 59 bereits ausgeführt habe. Man darf wohl annehmen, dass im circa 90 jährigen Alter die Kiefern des Nürnberger Reichswaldes etwa eine Durchschnittsqualität von 44—45,0 besitzen.

Das gröbere Astholz, sowie das geringere Reisholz alter Bäume hat nach meinen Untersuchungen in der Mark ein Trockengewicht von 48, steht also etwas tiefer im Werth als die Durchschnittsqualität der ganzen Bäume. Es schwankt übrigens das Gewicht des Astholzes ungemein und zwar in einem 135 jährigen Bestande zwischen 43 und 57. Der sogenannte Stock, d. h. das unterste, bei der Fällung des Baumes im Boden verbleibende Ende hat die weitaus grösste Güte. Im 135 jährigen Bestande betrug das Gewicht 62,8.

Geringwerthiger sind die stärkeren Wurzeln, doch sind sie wohl in Folge grossen Harzgehaltes im Durchschnitt noch als Brennholz sehr werthvoll. Die untersuchten stärkeren Wurzeln eines 135 jährigen Bestandes schwankten im Gewicht zwischen 43 und 66,5, doch mochte ich aus der geringen Zahl der Untersuchungen nicht eine Mittelzahl berechnen.

c. Das Fichtenholz.

Die Fichte nimmt nach Gayer in Betreff des specifischen Trockengewichtes die fünfte Stelle unter den von mir untersuchten Holzarten ein, d. h. sie steht unter der Tanne. Das Frischgewicht schwankt nach ihm zwischen 0,40—1,07, im lufttrockenen Gewicht zwischen 0,35—0,60 (32—57 Trockengewicht). Der Mittelwerth für frisches Holz ist 0,76, für lufttrockenes Holz 0,45 (0,42 Trockengewicht).

Was zunächst das Frischgewicht betrifft, so liegen nach unseren Untersuchungen die Grenzen zwischen 41—111,5. Das Mittel älterer haubarer Bestände beträgt 76,6. Die Grenzen des absolut trockenen Gewichtes liegen nach unseren Untersuchungen zwischen 35,5 – 60,0 (0,32—0,57 nach Gayer).

Zur Beurtheilung der Veränderungen des Holzes nach Baumhöhe und Holzalter, sowie nach Erziehungsart verweise ich auf die beiden Tabellen Seite 64 und 66.

Die im dichten Schlusse erwachsenen 125 jährigen Fichten besitzen eine ausgezeichnete Qualität von 47,9, stehen also dem besseren Kiefernholze nicht sehr nach. Es ist dabei noch beachtenswerth, dass die Güte des Holzes von oben nach unten etwas zunimmt, aber nicht in dem Maasse sich in den untersten Sectionen steigert, wie bei der Kiefer. Vielleicht ist es berechtigt anzunehmen, dass die starke Borke der Kiefer in dem untersten Stammtheile, durch welche die Erwärmung und frühzeitige Zuwachsthätigkeit zurückgehalten wird, Veranlassung der auffallenden Steigerung der Qualität dort ist, während bei der Fichte keine grosse Verschiedenheit in der Rindenstärke der unteren und oberen Baumhöhe besteht. Die Güte des Fichtenholzes der geschlossenen Bestände ist in dem oberen Baumtheile schon bei 6,7 m Höhe besser als bei den circa 90 jährigen Kiefern der bayrischen Hochebene, übertrifft selbst das Kiefernholz der Mark Brandenburg, allerdings erst von etwa 11 m Baumhöhe an aufwärts.

Dagegen ist das Holz im lichten Stande erwachsener Fichten auffallend geringwerthiger. Im 75 jährigen Alter beträgt es 43,1, ist aber noch in der Zunahme begriffen. Ich habe bereits früher über den Einfluss der Erziehung auf die Holzqualität gesprochen. Die geringe Güte spricht sich besonders in den unteren Baumtheilen aus, woselbst die mittlere Qualität nur 41,2 beträgt gegenüber dem Trockengewicht von 48,9 in geschlossen erwachsenem Bestande.

Im lichten Stande tritt hier die ungewöhnliche Erscheinung auf, dass das Holz in der Güte von unten nach oben zunimmt.

Bei der vor 20 Jahren etwa licht, seit 10 Jahren völlig frei gestellten 60 jährigen Fichte ist die Qualität des Holzes von unten aufwärts bis zu 6,7 m Höhe nahezu dieselbe wie höher hinauf, bei 11,9 m Höhe nimmt dieselbe dagegen stark ab.

Der günstige Einfluss dichten Bestandesschlusses auf die Güte des Fichtenholzes äussert sich auch in dem hohen specifischen Gewicht der unterdrückten 70 jährigen Fichte Seite 47, und in der Qualität der im Plänterwalde erzogenen Hochgebirgsfichten. Auf 1 m Baumhöhe zeigen die engringigen Bäume Seite 61 eine Qualität von 47,6 im 270 jährigen Alter, resp. 46,3 am 150 jährigen Baume. Bei letzterem erreicht die Güte in der ersten Jugend in Folge der Beschattung 56,2. Die darauf eintretende Freistellung lässt sofort die Qualität bedeutend sinken, wogegen bei der 270 jährigen Fichte deutlich der Einfluss der Unterdrückungsperiode 120—180 durch gute Beschaffenheit des Holzes hervortritt.

Im Plänterwalde überwiegt sehr oft der die Qualität drückende Einfluss der Lichtstellung (Frühzeitiges Erwecken der Zuwachsthätigkeit und damit Erzeugung von Frühlingsholz) den die Qualität hebenden Einfluss der besseren Ernährung.

Die Qualität des Fichtenastholzes ist eine ausserordentlich hohe. Ein Ast einer 110 jährigen Fichte von 4,8 cm Durchmesser hatte auf der Oberseite bei 0,35 mm Ringbreite (Radius 20 mm) ein Trockengewicht von 66,6 und auf der Unterseite bei 0,5 mm Ringbreite (Radius 28 mm) 77,5, also durchschnittlich 72,1.

Im Gegensatz hierzu ist das Wurzelholz verhältnissmässig geringwerthig.

Eine 86 jährige Wurzel von 10,5 cm Durchmesser zeigte sich in den verschiedenen Lebensperioden abwechselnd epinastisch und hyponastisch. Die Untersuchung ergab folgende Zahlen:

Oberseite 4,59 cm Radius

Splint 56—86 Jahre, Ringbreite 0,4 mm, Trockengewicht 44,8
Mitte 33—55 „ „ 0,9 „ „ 50,3
Kern 1—32 „ „ 0,4 „ „ 39,3

Unterseite 5,91 cm Radius

Splint 56—86 Jahre, Ringbreite 1,0 „ „ 38,4
Mitte 33—55 „ „ 0,55 „ „ 42,0
Kern 1—32 „ „ 0,50 „ „ 42,4

Das Durchschnittsgewicht ist 41,8, steht mithin ziemlich tief unter dem Gewicht des Fichtenstammholzes.

d. Das Tannenholz.

Nach Gayer steht das Tannenholz im Gewichte der Fichte voran. Die Grenzen des Frischgewichtes sind nach ihm 0,77—1,23, des Lufttrockengewichtes 0,37—0,60. Der Mittelwerth für Frischzustand ist 0,97, für Lufttrockenheit 0,47.

Nach unseren, allerdings nur auf einen 95—110 jährigen Bestand und wenige Einzelbäume beschränkten Untersuchungen liegt die Grenze des Frischgewichtes zwischen 45,4—111,5 (0,77—1,23 Gayer), ist also durchaus nicht merklich verschieden von der Fichte, wie man nach Gayer anzunehmen geneigt sein möchte. Das mittlere Frischgewicht der 105 jährigen Bäume beträgt 80,1 (0,97 nach Gayer).

Die Grenzen des absolut trockenen Gewichtes sind 33,3—52,9 (0,35 bis 0,58 nach Gayer).

Zur Beurtheilung der Verschiedenheiten des Holzes nach Baumhöhe und Baumalter gebe ich nachstehende Zusammenstellung der Untersuchung eines im guten Schlusse erwachsenen (95—110) durchschnittlich 103 jähr. Bestandes.

95—110 (103) jährige Weisstannen aus Revier Kranzberg.

Baumhöhe m	Bezeichnung der Holzstücke	Mittlere Ringbreite mm	Substanz gr	Specif. Gewicht	Schwinden pCt.	Zahl der Probestücke
1,5	Splint	1,17	39,9	45,7	12,6	12
	Mitte	1,67	39,9	45,3	11,9	10
	Kern	2,31	38,7	43,6	11,0	12
	Holz	1,68	39,3	44,7	11,8	34
6,7	Splint	1,14	39,1	45,0	12,8	12
	Mitte	1,68	38,0	43,5	12,5	9
	Kern	2,59	36,9	41,4	10,9	12
	Holz	1,74	38,0	43,2	12,0	33
11,9	Splint	1,16	35,9	41,2	12,8	12
	Mitte	1,86	35,6	40,3	11,6	9
	Kern	3,00	35,1	39,2	10,4	12
	Holz	1,90	35,5	40,2	11,9	33
17,1	Splint	1,34	36,5	41,4	11,8	12
	Mitte	2,15	35,7	40,4	11,6	6
	Kern	3,20	35,4	39,3	9,7	11
	Holz	2,05	36,0	40,4	10,9	29

95--110 (103)jährige Weisstannen aus Revier Kranzberg.

Baumhöhe	Bezeichnung der Holzstücke	Mittlere Ringbreite	Substanz	Specif. Gewicht	Schwinden	Zahl der Probestücke
22,3	Splint	1,92	36,7	41,2	11,2	12
	Mitte	3,21	35,9	40,3	12,8	5
	Kern	3,21	34,7	37,9	8,6	8
	Holz	2,42	36,3	40,4	10,4	25
27,5	Holz	3,08	36,6	40,9	10,5	10
30,0	Holz	3,30	41,3	44,9	8,1	2
	Durchschnitt des Splintes		37,9	43,0	—	—
	Summa aller Probestämme		37,3	42,1	11,5	166

Da die Splintholzstücke noch besser sind als die Mitten, so nimmt also die Qualität noch zu, die im Durchschnitt für alle Stämme bis dahin 42,1 beträgt. Es ist wohl anzunehmen, dass sich die Qualität innerhalb der nächsten 20 Jahre auf 43—44 erhebt, aber schwerlich höher.

Es ist beachtenswerth, dass die beiden untersten Stammsectionen eine bessere Qualität zeigen, dass aber von da an, bis zum Gipfel des Baumes, wenigstens bis zu 27,5 die Güte des Holzes sich fast völlig gleich bleibt.

Zur weiteren Beurtheilung der Holzgüte liegt mir nun noch eine Reihe von Untersuchungen vor aus 1—2 m Baumhöhe entnommenen Proben. Zunächst folgen zwei Stämme aus den bayrischen Voralpen bei 660 m Hochlage.

150jährige Weisstanne.

21 m Höhe. 26,4 Durchmesser. Hochlage 660 m. Geschlossener Bestand von Fichte, Tanne, Lärche und Buche. Aus natürlicher Besamung entstanden.

Alter	Jahrringbreite	Jährlicher Flächenzuwachs	Specifisches Trockengewicht
126—150 (24)	1,04	8,280	48,9
106—126 (20)	0,75	5,018	45,8
86—106 (20)	0,55	3,231	46,9
76— 86 (10)	1,00	5,215	46,6
46— 76 (30)	0,70	2,969	52,9
8— 46 (34)	2,02	3,644	49,6
Durchschnitt	1,05	4,599	48,6

160jährige Weisstanne.

19 m Höhe. 28,8 Durchmesser. 660 m Hochlage. Gemischter, aus natürlicher Besamung entstandener Bestand von Fichte, Tanne, Lärche und Buche.

A l t e r	Jahrringbreite	Jährlicher Flächen- zuwachs	Specifisches Trocken- gewicht
140—160 (20)	0,70	5,674	44,8
120—140 (20)	0,60	4,373	43,9
100—120 (20)	0,60	3,921	47,5
80—100 (20)	0,70	4,002	46,1
60— 80 (20)	0,75	3,605	47,5
40 — 60 (20)	1,05	3,859	48,9
16— 40 (24)	2,0	3,016	46,5
Durchschnitt	0,94	4,035	46,3

Offenbar sind beide Stämme von Jugend auf im engen Bestandesschlusse
erwachsen, der von einer periodisch eintretenden grösseren Lichtstellung unter-
brochen worden ist. Die Qualität ist zwar eine schwankende, aber doch im
Allgemeinen vom Anfang an nicht wesentlich sich ändernde. Sie steht mit
47,4 im Durchschnitt bei 1 m Höhe höher als die des 105 jährigen Bestandes
des Reviers Kranzberg (44,7), aber doch niedriger als die des 123 jährigen
Fichtenbestandes (48,9). Sie ist etwa dieselbe, die von der Hochgebirgsfichte
erreicht wird.

Eine ca. 80 jährige, offenbar von Jugend auf ziemlich frei erwachsene
Tanne nahe bei Tegernsee (750 m Hochlage) gefällt, hatte nur 38,5 Trockengewicht bei einer mittleren Ringbreite von 2,6 mm. Eine 125 jährige Tanne
aus Schleusingen im Thüringerwalde von 25 cm Durchmesser hatte 46,1,
eine ca. 100 jährige Tanne ebendorther und von 19 cm Durchmesser auf
Brusthöhe hatte 45,6 Trockengewicht. Alle diese Zahlen erreichen nicht die
Höhe des Fichtenholzgewichtes, so dass ich zu dem Resultate gelange, dass
unter gleichen Wuchsverhältnissen der Fichte in der Qualität, d. h. im specifischen Trockengewicht vor der Tanne der Vorrang einzuräumen ist. Wenn
in vielen Fällen das Tannenholz besser ist als das Fichtenholz, so liegt das
wohl daran, dass die Tanne fast immer aus natürlicher Verjüngung hervor-
gegangen ist, während so oft die Fichte aus Pflanzbeständen stammt, welche
der freieren Stellung in der Jugend wegen eine weitaus geringere Güte
zeigen.

e. Das Zirbelkiefern- und das Bergkiefernholz.

Das Zirbelkiefernholz hat nach Gayer ein Lufttrockengewicht von
0,40—0,45 und ein mittleres Gewicht von 0,44 (0,41 absolutes Trocken-

gewicht). Nach den wenigen von mir ausgeführten Untersuchungen scheint diese Angabe noch zu hoch gegriffen zu sein. Ich lasse nachstehend einige Angaben folgen, die sich nur auf Holz aus 1—2 m Brusthöhe beziehen. Die 110 jährigen und 90 jährigen Stämme sind aus der Nähe von Berchtesgaden, die beiden anderen Stämme aus Sibirien.

90 jährige Pinus cembra aus Berchtesgaden.

Baumhöhe	Durch-messer	Holztheil	Ringbreite	Specifisches Lufttrocken-gewicht	Specifisches Trocken-gewicht
2 m	29,0	Splint	2,0	40,0	36,3
		Grenze	2,4	40,29	38,0
		Kern	3,0	41,12	37,7
		Kern	1,7	47,30	43,2
		Im Ganzen	1,9	42,30	38,70

? jährige Pinus cembra aus Sibirien.

Baumhöhe	Durch-messer	Holztheil	Ringbreite	Specifisches Lufttrocken-gewicht	Specifisches Trocken-gewicht
	28,0 (45 Ringe)	Splint	3,0	41,1	37,25
		Grenze	3,0	42,31	38,70
		Kern	3,0	39,48	36,3
		Kern	4,4	39,01	35,8
		Im Ganzen	3,1	40,5	37,0

? jährige Pinus cembra aus Sibirien.

Baumhöhe	Durch-messer	Holztheil	Ringbreite	Specifisches Lufttrocken-gewicht	Specifisches Trocken-gewicht
	12,0 (38 Ringe)	Splint	1,9	41,83	37,9
		Kern	2,1	48,21	44,0
		Im Ganzen	1,6	43,84	39,83

110 jährige Zirbelkiefer.
12 m Höhe. 28,5 Durchmesser. 1450 m Hochlage. Vereinzelte Zirbeln, Lärchen, Fichten über Latschen.

Alter	Jahrringbreite	Jährlicher Flächen-zuwachs	Specifisches Trocken-gewicht
101—110 (10)	1,25 Splint	10,701	34,7
86—100 (15)	1,66 „	12,305	34,4
76— 85 (10)	1,90 Kern	11,401	35,5
66— 75 (10)	1,80 „	8,708	36,1
46— 65 (20)	1,60 „	5,228	39,5
17— 45 (29)	1,24 „	1,404	46,1
Durchschnitt	1,56	6,787	35,1

Das Trockengewicht auf Brusthöhe scheint im Durchschnitt nicht über 37 hinauszugehen, steht also auf der tiefsten Stufe unter den deutschen Nadelwaldbäumen.

Was insbesondere auffällig ist, das ist die besonders an dem 110jährigen Stamme deutlich hervortretende Eigenthümlichkeit, dass mit dem Alter, d. h. je weiter nach aussen, das Holz immer schlechter wird auch trotz zunehmendem Flächenzuwachses. Das Untersuchungsmaterial ist zu ungenügend, um zu erkennen, ob es sich hierbei um eine gesetzmässige Erscheinung oder nur um eine durch zufällige äussere Verhältnisse bedingte Ausnahme handelt.

Das Holz der **Pinus montana** habe ich nur an einem Stamm aus 950 m Hochlage zu untersuchen Gelegenheit gehabt. Es steht darnach dem besten Kiefernholz der Mark Brandenburg völlig gleich und übertrifft das Holz der gemeinen Kiefer in der Gebirgslage um ein sehr Bedeutendes. Nächst der Lärche ist es also wohl als das beste Nadelholz in Deutschland zu bezeichnen.

100jährige Bergkiefer (Pinus montana).
Achensee. 950 m. Höhe 14 m.

Baumhöhe	Durchmesser	Holztheil	Ringbreite	Specif. Lufttrockengewicht	Specif. Trockengewicht	Schwindeprocent aus	
						Lufttrockengewicht	Trockengewicht
1 m	23,5	Splint	0,7	60,94	57,34	4,0	10,8
		Grenze	2,0	63,84	58,81	5,9	10,9
		Kern	1,7	63,65	58,82	4,5	10,2
		Im Ganzen	1,2	62,86	58,36	4,8	10,6
8 m	13,5	Splint	0,5	51,23	47,54	5,3	11,2
		Grenze	1,3	50,32	47,09	4,3	10,7
		Kern	1,6	48,80	45,10	6,8	11,6
		Im Ganzen	1,1	50,32	46,81	5,2	11,1

f. Vergleich der deutschen Nadelholzarten.

Aus der Besprechung der einzelnen Holzarten ergiebt sich schon von selbst, dass es nicht zulässig ist, die einzelnen Holzarten nach sogenannten Mittelwerthen zu schätzen. Es hängt vielmehr ungemein viel ab von dem Baumalter, dem Standorte und der Erziehungsart. Immerhin kann man auf Grund der vorliegenden Untersuchungen doch eine allgemeine Werthschätzung der einzelnen Holzarten vornehmen.

Auf allen Standorten nimmt die Lärche den ersten Rang ein. Alte haubare Lärchen des Hochgebirges haben 60,0. Haubare Lärchen der bayrischen Hochebene haben 55,2, junge Lärchen von 45 jährigem Alter bei Nürnberg noch 53,0 Trockengewicht. Daran dürfte sich Pinus montana anschliessen.

Die gemeine Kiefer zeigt im haubaren Alter auf dem besseren Sandboden der norddeutschen Tiefebene ein mittleres Gewicht von 50—51, im 70—100 jährigen angehend haubaren Alter auf der bayrischen Hochebene 47 bis 48. Die 90 jährigen Kiefern des entarteten Bodens des Nürnberger Reichswaldes zeigen 44—45.

An die gemeine Kiefer reiht sich die Fichte an, die im dichten Schluss erwachsen mit 123 jährigem Alter eine Qualität von 48 erreicht, also dem Kiefernholze in Süddeutschland sich gleichstellt, aber hinter dem besseren Kiefernholze Norddeutschlands zurückbleibt. Im lichten Stande erwachsen sinkt die Qualität an haubaren 70—80 jährigen Bäumen auf 43 herab, also unter den Werth des schlechtesten Kiefernholzes.

Die Weisstanne erreicht auch in gut geschlossenen Beständen mit dem 100 jähr. Alter nur die geringere Qualität des Fichtenholzes von im lichten Stande erwachsenen Bäumen mit 43. In sehr günstigen Verhältnissen, d. h. bei von erster Jugend an sehr dichtem Stande dürfte die Qualität wohl noch höher steigen, vielleicht 45—46 erreichen, doch zweifle ich, dass die Güte des engringig erwachsenen Fichtenholzes von der Tanne je erreicht wird.

Tief unter der Tanne steht dann die Zirbelkiefer, die selbst auf Brusthöhe nur im Mittel 37 erreicht, also im ganzen Baume wohl zweifellos unter 35 bleibt.

Die vier wichtigsten Holzarten schwanken daher im Haubarkeitsalter je nach dem Standort und der Erziehungsweise wie folgt:

Lärche 60—55
Kiefer 51—45
Fichte 48—43
Tanne 45—42.

Diese Zahlen repräsentiren den Durchschnitt ganzer Bestände.

Kapitel XII.

Der Wassergehalt der Nadelholzbäume.

Nachfolgend werde ich nur insoweit über den Wassergehalt der Nadelholzbäume reden, als es sich um die technischen Eigenschaften des Holzes handelt, während die physiologischen Folgerungen, insoweit diese nicht schon früher aus den Untersuchungen von mir gezogen sind, einer späteren Bearbeitung überlassen bleiben sollen.

Unsere Nadelwaldbäume führen nur im Splintholze liquides Wasser; das Kernholz, mag dasselbe sich durch dunklere Färbung von dem Splintholze auszeichnen, oder nicht, enthält im Wesentlichen nur soviel Wasser, als die Holzsubstanz, d. h. die Wandung der Organe in sich aufzunehmen im Stande ist. Bei der Lärche beträgt dies 53 pCt. vom Trockenvolumen im Splintholze und 48 pCt. vom Trockenvolumen des Kernholzes. Die Kiefer nimmt im Splintholz 55 pCt., im Kernholz 48 pCt. Wasser auf. Die Fichte nimmt gleichmässig im Splint und Kern 60 pCt., die Weisstanne nur 50 pCt. Wasser anf. Das Lumen der Organe ist beim Kernholz mit Luft gefüllt und nur die Tanne führt im unteren Stammtheile auch Wasser im Kern.

Im Splintholze befindet sich auch im Lumen der Organe neben der Luft noch Wasser im liquiden Zustande, und dieses ist nach Baumtheil und Jahreszeit ungemein schwankend, wenn auch weitaus nicht die Differenzen auftreten, wie im Splintholze der Laubholzbäume. Im Allgemeinen gilt als Regel, dass der Wassergehalt nach oben etwas zunimmt, doch treten mancherlei Abweichungen von dieser Regel auf, deren Betrachtung uns unmittelbar in die Lehre von der Wasserströmung führen würde.

Nimmt man den ganzen Holzkörper zusammen, so steigert sich der mittlere Wassergehalt von unten nach oben sehr rapid, weil das Verhältniss des Splintholzes zum Kernholz nach oben sich immer günstiger gestaltet. Für den Techniker hat dieser Wassergehalt des ganzen Holzkörpers ein grösseres Interesse als der Wassergehalt des Splintkörpers allein.

Nachstehend gebe ich in der Kürze eine Zusammenstellung des Wassergehaltes der Bäume in völlig frischem Zustande, bemerke aber, dass der lufttrockene Zustand durchschnittlich noch 5 pCt. des Lufttrockenvolumens an Wasser enthält oder anders ausgedrückt, dass die nachstehend mitgetheilten Zahlen, welche die Differenz des Wassergehaltes zwischen ganz frischem und absolut trockenem Holz angeben, um etwa 5 zu vermindern sind, wenn man den Wasserverlust frischen Holzes bis zum Austrocknen in sehr trockener, aber nicht künstlich getrockneter Luft erhalten will.

Was zunächst die Lärche betrifft, so kann ich nur die Untersuchungsergebnisse an den 70jähr. Lärchen des Reviers Kranzberg hier zusammenfassen.

Der Wassergehalt in Gramm auf 100 ccm Frischvolumen betrug:

Ende December im Splint 60,4, im Kern 20,5, im Ganzen 35,9 gr
Anfang April   „   „   59,0 „   „   16,8 „   „   34,2 „
Ende Juni   „   „   63,4 „   „   22,0 „   „   36,9 „
Am 11. October „   „   59,6 „   „   17,2 „   „   31,4 „
                      60,6   19,1   34,6 gr

Der Monat Juni/Juli ist also die Zeit des grössten Wassergehaltes, der April und October die Zeit der grössten Wasserarmuth.

Nach der Baumhöhe vertheilt sich das Wasser in folgender Weise:

Bei 1,5 m Baumhöhe im Ganzen 31,1, im Splint 58,4 gr

6,7 „	„	„	„	32,5 „	„	59,4 „
11,9 „	„	„	„	34,2 „	„	59,9 „
17,1 „	„	„	„	35,7 „	„	60,7 „
22,3 „	„	„	„	45,2 „	„	60,5 „
27,5 „	„	„	„	63,1 „	„	63,1 „

Es bedarf kaum der Erwähnung, dass diese Zahlen, wenigstens insoweit sie den Wassergehalt der ganzen Bäume betreffen, nach dem Baumalter sich wesentlich modificiren. Je jünger die Bäume, um so mehr nähern sich denselben die Splintzahlen, je älter, um so mehr die Kernholzzahlen.

Die Kiefer enthält weniger Wasser im Kern und fast ebensoviel Wasser wie die Lärche im Splint, da aber der Splint viel breiter ist, so ist der Gesammtgehalt an Wasser erheblich grösser.

Im 100—110 jährigen Alter enthält die Kiefer

am 3. April im Splint 57,7, im Kern 12,0, im Ganzen 38,2 gr
„ 29. Juni „   „ 60,3 „   „ 12,3 „   „ 36,5 „

Im 80 jährigen Alter enthält die Kiefer

am 10. October im Splint 60,2, im Kern 17,9 „   „ 50,1 „
„ 30. December „   „ 59,2 „   „ 13,9 „   „ 40,9 „

Durchschnittlich im Splint 59,4

Leider sind die Altersunterschiede zu gross, um directe Vergleiche des Wassergehaltes der vorstehenden Bäume anstellen zu können, doch unterliegt es keinem Zweifel, dass auch bei der Kiefer der Wassergehalt im Splint mit 60,3 Ende Juni sein Maximum, im April mit 57,7 sein Minimum erreicht.

Im 70—75 jährigen Kiefernbestande ist der Wassergehalt auf 100 ccm Frischvolumen

am 2. Januar im Ganzen 44,8, im Kern 12,8, im Splint 57,7 gr
„ 4. März „   „ 38,0 „   „ 12,3 „   „ 57,4 „
„ 14. „   „   „ 35,1 „   „ 14,3 „   „ 51,4 „
„ 19. Mai „   „ 32,5 „   „ 12,3 „   „ 51,2 „
„ 9. Juli „   „ 39,8 „   „ 12,6 „   „ 57,5 „
„ 12. October „   „ 39,5 „   „ 14,0 „   „ 52,8 „

Durchschnittlich 38,3, im Kern 13,1, im Splint 54,7 gr

Nach der Baumhöhe getrennt vertheilt sich der Wassergehalt des ganzen Holzkörpers im Durchschnitt aller Stämme wie folgt:

$$\begin{aligned}
\text{Bei } 1,5 \text{ m Höhe} &= 35,2 \text{ gr} \\
\text{„ } 4,6 \text{ „ „} &= 35,2 \text{ „} \\
\text{„ } 7,7 \text{ „ „} &= 36,2 \text{ „} \\
\text{„ } 10,8 \text{ „ „} &= 40,0 \text{ „} \\
\text{„ } 13,9 \text{ „ „} &= 45,2 \text{ „} \\
\text{„ } 17,0 \text{ „ „} &= 51,6 \text{ „} \\
\text{„ } 20,1 \text{ „ „} &= 56,4 \text{ „} \\
\text{„ } 23,2 \text{ „ „} &= 58,1 \text{ „}
\end{aligned}$$

Im 20—35 jährigen Alter enthalten die Kiefern im Ganzen 60,5 gr Wasser auf 100 ccm Frischvolumen. Das entspricht dem Wassergehalt des Splintkörpers alter Bäume.

Mit dem höheren Alter sinkt der Wassergehalt entsprechend dem zunehmenden Antheile des Kernholzes an der ganzen Holzmasse. Eine 115-jährige Kiefer aus Geisenfeld enthielt im Ganzen 36,1 gr, eine 235 jährige Kiefer ebendaher nur 34,4 gr Wasser.

Nach meinen Untersuchungen der Kiefer in der Mark Brandenburg belief sich der Wassergehalt ganzer Bäume

$$\begin{aligned}
\text{im } 135 \text{ jährigen Alter } (31,7 + 5) &= 36,7 \text{ gr, Octoberfällung,} \\
\text{„ } 135 \text{ „ „ } (34,2 + 5) &= 39,2 \text{ „ „} \\
\text{„ } 117 \text{ „ „ } (28,2 + 5) &= 33,2 \text{ „ Aprilfällung,} \\
\text{„ } 85 \text{ „ „ } (36,6 + 5) &= 41,6 \text{ „ Märzfällung.}
\end{aligned}$$

Diese Zahlen stimmen recht gut mit denen meiner neuen Untersuchungen, wenn man Bestandesalter und Fällungszeit bei dem Vergleich in Rücksicht zieht. Allerdings darf man nicht vergessen, dass Individualität und Stammstärke eine wesentliche Rolle mitspielen.

Der Wassergehalt des stärkeren Kiefernastholzes aus einem 135 jährigen Bestande betrug $(37,2 + 5) = 42,2$ gr, während das Wurzelholz desselben Bestandes $(47,2 + 5) = 52,2$ gr Wasser enthielt.

Die Fichte zeigt im enggeschlossenen erwachsenen Bestande bei 123-jährigem Alter an Wasser auf 100 ccm frischen Holzes

	Splint	Kern	Ganzen
am 30. December im	61,7	16,0	33,6 gr
„ 3. April „	59,4	13,1	30,5 „
„ 29. Juni „	63,3	12,6	36,2 „
„ 10. October „	58,3	14,2	33,0 „

also durchschnittlich im Splint 60,7, im Kern 14,0, im Ganzen 33,3 gr

Ein wesentlicher Unterschied im Wassergehalt des Splintes von dem der Kiefer besteht also nicht. Der Hochsommer ist durch den grössten Wassergehalt, der April und October durch den geringsten Wassergehalt ausgezeichnet.

Das Wasser ist nach Baumhöhe vertheilt wie folgt:

bei 1,5 m Höhe im Ganzen 30,6, im Splint 61,1 gr
,,   6,7 ,,   ,,   ,,   ,,   28,8, ,,   ,,   58,1 ,,
,, 11,9 ,,   ,,   ,,   ,,   30,6, ,,   ,,   58,1 ,,
,, 17,1 ,,   ,,   ,,   ,,   34,5, ,,   ,,   59,8 ,,
,, 22,3 ,,   ,,   ,,   ,,   40,8, ,,   ,,   63,7 ,,
,, 27,5 ,,   ,,   ,,   ,,   51,9, ,,   ,,   67,0 ,,
,, 32,7 ,,   ,,   ,,   ,,   66,6, ,,   ,,   66,6 ,,

Dem 75 jährigen, im lichten Stande erwachsenen Bestande entspricht nachstehender Wassergehalt:

Am 2. Januar ganzer Wassergehalt 40,7, Kern 12,6, im Splint 65,5 gr
,,   4. März   ,,   ,,   39,4,   ,, 14,3, ,,   ,,   61,8 ,,
,, 14.   ,,   ,,   ,,   37,9,   ,, 13,4, ,,   ,,   61,1 ,,
,, 19. Mai   ,,   ,,   37,7,   ,, 12,6, ,,   ,,   64,7 ,,
,,   9. Juli   ,,   ,,   48,1,   ,, 15,7, ,,   ,,   66,0 ,,
,, 11. October   ,,   ,,   39,2,   ,, 13,7, ,,   ,,   63,6 ,,

Durchschnittlich 40,5, Kern 13,7, im Splint 63,8 gr

Nach Baumhöhe vertheilt sich das Wasser des ganzen Holzkörpers in nachstehender Weise:

Bei   1,5 m   37,2 gr
,,   4,6 ,,   35,8 ,,
,,   7,7 ,,   36,7 ,,
,, 10,8 ,,   40,1 ,,
,, 13,9 ,,   45,8 ,,
,, 17,0 ,,   51,3 ,,
,, 20,1 ,,   53,6 ,,
,, 23,2 ,,   58,6 ,,
,, 26,3 ,,   61,6 ,,

Wie in der Natur der Sache begründet liegt, entspricht dem jungen Alter der höhere Wassergehalt, da der Splint verhältnissmässig einen grösseren Antheil am Holze nimmt, als bei älteren Bäumen.

Dem 25—35 jährigen Alter entspricht ein Wassergehalt von 56,6 gr pro 100 Frischvolumen. Fichten von 35 jähr. Alter führen bereits ziemlich viel Kernholz.

Was endlich die Weisstanne betrifft, so scheint deren Wassergehalt im Splinte von allen Nadelholzbäumen am höchsten zu sein.

Im 105 jährigen Bestande enthielten 100 Frischvolumen
am 30. December im Splint 66,4, im Kern 16,9, im Ganzen 44,3 gr
,,   3. April   ,,   ,,   67,5 ,,   ,,   13,4 ,,   ,,   39,5 ,,
,, 29. Juni   ,,   ,,   66,8 ,,   ,,   16,6 ,,   ,,   39,2 ,,
,, 10. October   ,,   ,,   68,3 ,,   ,,   22,9 ,,   ,,   48,3 ,,

Durchschnittlich 67,2, im Kern 17,4, im Ganzen 42,8 gr

Nach der Baumhöhe vertheilt sich das Wasser wie folgt:

In 1,5 m Höhe enthält der Splint 62,7, der ganze Holzkörper 40,4 gr
„ 6,7 „   „   „   „   „   66,5 „   „   „   39,8 „
„ 11,9 „   „   „   „   „   69,2 „   „   „   40,5 „
„ 17,1 „   „   „   „   „   70,1 „   „   „   46,7 „
„ 22,3 „   „   „   „   „   69,9 „   „   „   50,9 „
„ 27,5 „   „   „   „   „   „   65,1 „
„ 30,0 „   „   „   „   „   „   66,9 „

Das Weisstannenholz enthält mit 67,2 den grössten Wassergehalt im Splint (Lärche 60,6, Kiefer 59,4, Fichte 60,7). Dagegen ist der Kern mit 17,4 gr (Lärche 19,1, Kiefer 14,0, Fichte 14,0) etwas trockener als der der Lärche, aber wasserreicher als der der Kiefer und Fichte. Der grössere Wassergehalt des Lärchenkernes ist begründet in der grösseren Substanzmenge, die also auch in sich mehr Wasser aufnimmt, als ein gleich grosses Volumen Tannenholz. Dicht über dem Boden, d. h. in Stockhöhe, enthalten manche Tannen fast so viel Wasser im Kern, als im Splinte. In einem Falle fand ich 55,2 gr auf 100 Frischvolumen Kernholz.

* * *

Kapitel XIII.

Das Schwinden des Nadelholzes.

Wenn das Wasser, welches im liquiden Zustande die Lumina der Holzorgane theilweise ausfüllt, verloren geht, so ist damit noch keine Volumverminderung des Holzes verknüpft. Das sogenannte Schwinden beginnt erst dann, wenn auch die Wandungen einen Theil ihres Wassers abgeben. Im lebenden Nadelholzbaume enthält der Kern in der Regel gar kein flüssiges Wasser, vielmehr gerade so viel Wandungswasser, als zur Sättigung desselben nöthig ist.

Wir sehen desshalb das Kernholz im unveränderten Volumen sich erhalten und nur selten zeigen einzelne, von der Markröhre ausgehende Risse bei der Fällung, dass der Kern bereits Wandungswasser abgegeben hat, mithin geschwunden ist.

Die eingehenden Untersuchungen über die Wassermengen, welche die Wandungssubstanz der verschiedenen Holzarten in sich aufzunehmen vermag, haben gezeigt, dass bei der Tanne 50 pCt., bei der Fichte 60 pC., bei der Lärche im Durchschnitt im Kern und Splint 50 pCt., desgleichen bei Kiefern 50 pCt. vom Volumen der Holzwandungssubstanz an Wasser in der gesättigten Wandung sich befindet.

7*

Wäre das Holz ein homogener Körper, dann würde ziemlich gleichmässig die äussere Volumenverminderung soviel betragen, als Wasser beim Trocknen austritt. Da das Holz ein zelliger Körper ist, so entspricht das Schwindeprocent nicht ganz dem Wasserverlust, da ein Theil der Volumenverminderung durch Vergrösserung der Zelllumina verloren geht.

Ueberraschend ist aber, ein wie geringer Theil der Volumverminderung äusserlich nicht zum Ausdrucke gelangt. Ich werde nachstehend an einigen Beispielen dies darthun.

1. 100 Frischvolumen Tannenholz enthalten nach der Tabelle auf Seite 90 37,3 gr Substanz oder $\frac{37,3}{1,56} = 23,9$ Volumen Trockensubstanz.

Da die Wassercapacität $= 50$ pCt. beträgt, so müsste das Tannenholz im gesättigten Zustande um $\frac{23,9}{2} = 11,95$ pCt. grösser sein. Thatsächlich ist das Schwindeprocent aber nicht 11,95, sondern 11,5 pCt. nach dem Durchschnitt der Tabelle.

Das Tannenholz schwindet also beim Trocknen fast genau so, wie ein homogener, nur aus Holzsubstanz bestehender Körper schwinden würde.

2. 100 Frischvolumen Fichtenholz des 123 jährigen Bestandes enthalten 41,4 gr feste Substanz oder $\frac{41,4}{1,56} = 26,5$ Volumen Trockensubstanz. Diese sind im Stande 60 pCt., also 15,9 Volumen Wasser aufzunehmen. Die wirkliche Schwindung von 100 Frischvolumen des Holzes beträgt aber nicht 15,9, sondern 13,5 pCt.

3. 100 Frischvolumen Fichtenholz des 75 jährigen Bestandes enthalten 37,4 gr, also 23,9 Volumen feste Substanz. Diese sind im Stande $23,9 \times 0,6 = 14,3$ Volumen Wasser aufzunehmen. Das thatsächliche Schwindeprocent ist 13,1.

4. 100 Frischvolumen Lärchenholz enthalten 48,5 gr, also 31,1 Volumen Trockensubstanz. Die Wassercapacität ist $31,1 \times 0,5 = 15,5$. Das wirkliche Schwindeprocent beträgt nur 12,1.

5. 100 Frischvolumen Kiefernholz enthalten 42,6 gr oder 27,3 Volumen Trockensubstanz. Diese nehmen $27,3 \times 0,5 = 13,6$ Volumen Wasser auf.

Das Schwindeprocent beträgt nur 11,0 pCt.

Man erkennt aus diesen Zahlen, dass von der Volumenverminderung der Substanz ein geringer Theil nicht äusserlich zum Ausdruck gelangt, vielmehr in Erweiterung der inneren Hohlräume besteht.

Die Prüfung der Schwindeprocente in den verschiedenen Zusammenstellungen ergiebt nun, dass dieselben um so grösser sind, je enger die

Jahresringbreite ist. Wir wissen, dass in der Mehrzahl der Fälle die engen Jahresringe auch die bessere Qualität repräsentiren, d. h. eine grössere Substanzmenge besitzen und nach dem Vorangehenden ist ja leicht einzusehen, dass das Schwinden um so stärker sein muss, je mehr Substanz ein Holzstück enthält.

Es scheint aber die Ringbreite einen Einfluss auf das Schwinden auch unabhängig von der Substanzmenge in dem Sinne auszuüben, dass das Schwindeprocent mit abnehmender Ringbreite wächst, auch dann, wenn die grösste Substanzmenge den breiteren Ringen angehört.

Besonders auffällig tritt das z. B. bei der Weisstanne, Seite 77, hervor. Gleiches beobachtet man auch bei den anderen Holzarten.

Das Schwinden ist aber nicht allein verschieden nach der Substanzmenge und der Ringbreite, sondern wird auch durch den Verkernungsprocess beeinflusst. Die einzelnen untersuchten Holzarten verhalten sich in dieser Beziehung allerdings durchaus verschieden.

Bei Tanne und Fichte ist beim Uebergange aus dem Splintzustande in den Kern keine andere Veränderung zu bemerken, als der Verlust des liquiden Wassers aus dem Lumen der Organe, an dessen Stelle Luft tritt. Es ist das ein Process, der nicht plötzlich vor sich geht, sondern eine Reihe von Jahren hindurch allmälig sich vollzieht, denn die inneren Splintschichten werden immer wasserärmer und die Ausscheidung dieser Uebergangsschicht von dem fertigen Kern und dem zur Wasserleitung noch vollauf befähigten Splint hat ja die Aussonderung der Mittelstücke veranlasst.

Die Wandungssubstanz des Tannen- und Fichtenholzes bleibt unverändert und zeigt desshalb auch dieselben Schwindeprocente im Splint- und Kernzustande. Eine sorgfältige Prüfung der für Splint, Mitte und Kern ausgeschiedenen Schwindeprocente der Tabelle auf Seite 64 u. 66 zeigt, dass mit sehr wenigen Ausnahmen die Schwindeprocente im Kern am geringsten, im Splint am grössten sind correspondirend mit der grösseren Dichtigkeit des Holzes. In dem 125jährigen Fichtenbestande, dessen Splintholz geringwerthiger ist, als das Holz der Mittelstücke, sind auch die Schwindeprocente der Mittelstücke grösser als die der Splintholzstücke.

Auch beim Kiefernholz scheint ein Unterschied im Schwinden zwischen Kern und Splint lediglich aus der grösseren Dichtigkeit des Splintholzes erklärlich. Die Kernholzstücke zeigen fast durchweg ein geringeres Schwinden, als die Splintstücke, sind aber auch erheblich substanzärmer.

Durchaus verschieden hiervon verhält sich das Lärchenholz. Die Schwindeprocente, wie sie in der Tabelle Seite 79 mitgetheilt sind, zeigen ebenfalls für den Kern geringere Sätze, als für den Splint, aber letzterer ist bedeutend substanzärmer als der Kern.

Hier gilt also nicht der Satz, dass mit der Substanzmenge auch das Schwinden zunimmt. Wir sind berechtigt zu der Annahme, dass die mit der Verkernung verbundene Zunahme der Substanz für den Process des Schwindens indifferent ist. Ich glaube, dass man diese auffällige Thatsache in zweierlei Weise erklären kann. Die Kernsubstanz (Gerbstoffe u. s. w.), welche beim Uebergange aus dem Splint in den Kernzustand im Holze abgelagert wird und dasselbe bedeutend substanzreicher macht, lagert sich theilweise auf der Innenwand der Zellen ab, theilweise dringt sie in die Micellarinterstitien der Wandungssubstanz ein, verdrängt einen Theil des Imbibitionswassers und tritt an dessen Stelle.

Was den im Lumen der Zelle abgelagerten Theil des Kernstoffs betrifft, so ist derselbe offenbar für die Erscheinungen des Schwindens ganz indifferent. Derselbe beschränkt nur die Gesammtheit der inneren, mit Luft gefüllten Zellenräume, ohne den Holzkörper im Ganzen bei seiner Volumverminderung irgendwie zu beeinflussen, wie das ja auch nicht bei etwaigem körnigen Zellinhalte eintreten würde. Derjenige Theil der Kernsubstanz, welcher in die Wandungssubstanz eingedrungen ist, erhöht zwar die Substanzmenge und das specifische Gewicht, ohne jedoch das Volumen des frischen Holzes zu vergrössern, was ja unmöglich wäre. Beim Trocknen vermindert er aber die Grösse des Schwindens, denn die Micelle der Holzwandung, welche im Splintzustande sich nach dem Verschwinden des Wassers innig an einander legen, werden offenbar in demselben Maasse, als an Stelle des Imbibitionswassers Kernstofftheilchen getreten sind, an der Annäherung behindert. Das Kernholz wird mithin weniger schwinden, als es im Splintzustande geschwunden sein würde.

Ich glaube somit die Thatsache, dass das Lärchenkernholz trotz grossen Substanzreichthums relativ gering schwindet, in befriedigender Weise erklären zu können.

Vergleicht man nun die durchschnittlichen Schwindeprocente für die verschiedenen Holzarten, so haben solche Zahlen nur einen sehr beschränkten Werth, da es eben Grössen sind, die nach Alter, Erziehungsart u. s. w. differiren. Die 70 jährigen Lärchen schwinden im Ganzen um 12,1 pCt. Der grosse Antheil des Kernholzes drückt das Procent, obgleich das Lärchenholz als sehr dichtes Holz den höchsten Procentsatz zeigen sollte.

Das Fichtenholz, obgleich in seiner Dichtigkeit weit hinter der Lärche zurückstehend, besitzt Schwindeprocente von 13,1—13,5 pCt., weil eben kein substanzreicheres Kernholz vorhanden ist.

Die Kiefer steht mit 11,2—12,0 noch unter der Lärche, und die Tanne steht mit 11,5 etwa der Kiefer gleich.

Kapitel XIV.

Rückblick auf die Hauptresultate.

Fassen wir die Hauptergebnisse der vorliegenden Arbeit noch einmal kurz zusammen, so begründen sich dieselben zunächst auf einer, der herrschenden, von Sachs und de Vries begründeten Theorie der Jahrringbildung entgegentretenden Anschauung. Während die genannten Forscher die Verschiedenheiten im Bau des Frühjahr- und Sommerholzes wesentlich auf den im Laufe der Vegetationszeit zunehmenden Rindendruck zurückführen, nehme ich an, dass Veränderungen in der Ernährung des Cambiums die Ursache der im Frühjahrholze dünnwandigen, im Sommerholze dickwandigen Beschaffenheit der Elementarorgane sei. Im Frühjahre von Mitte April an, im Monat Mai und noch durch den Juni hindurch entsteht das sogenannte Frühjahrholz, das durch Leichtigkeit und Weichheit sich auszeichnet gegenüber dem im Juli und August entstehenden festen Sommerholze. In jener ersten Vegetationsperiode sind die Tage wenigstens anfangs noch kurz, die Temperaturen sind niedriger, die neuen Jahrestriebe mit ihrer Benadelung fehlen noch ganz oder bedürfen zu ihrer eigenen Ausbildung noch der Zufuhr von Baustoffen, welche der Baum an sie abgeben muss. Erst nach Vollendung der neuen Jahrestriebe tritt die Zeit der ausgiebigsten Bildungsstoffproduction ein, der Cambiummantel wird unter der Einwirkung günstiger Beleuchtung und Wärmegrade kräftig ernährt und producirt hochwerthiges Holz. Unter Zugrundelegung dieser Theorie erklären sich zunächst die Erscheinungen des Dickenwachsthums der Bäume. Die cambiale Thätigkeit der Bäume beginnt in den Zweigen und im Gipfel oft um 4 Wochen früher, als an der Basis des Schaftes, weil dazu eine gewisse Erwärmung des Cambiummantels nöthig ist, die an dünnrindigen Zweigen schon im April eintritt, unter der dicken Borke alter Bäume um so später zu erwarten ist, je näher die Cambialregion den Wurzeln liegt, da die Temperatur des Bauminnern im Schafte, wenigstens im unteren Theile wesentlich von der Temperatur der Bodenschicht abhängt, aus welcher die Wurzeln ihren Wasserbedarf beziehen.

Die Zuwachsthätigkeit in den Zweigen und im Gipfel des Baumes beginnt schon im April und ist Mitte August als beendet anzusehen, bei mit Borke bekleideten im Schlusse stehenden Bäumen beginnt sie dagegen am unteren Stammende erst Anfang Juni und endet zwischen Mitte und Ende August.

Die ganze Thätigkeit des Cambiums verschiebt sich somit je weiter abwärts am Baume, um so mehr in die für die Ernährung und Zellbildung günstigere Jahreszeit. Desshalb ist die Production an Quantität und an Qualität im unteren Stammtheile günstiger, als im oberen. Nur bei schwach entwickelter Krone nimmt die Quantität und oft auch die Qualität nach unten ab, weil die Bildungsstoffe unterwegs soweit zur Verwendung kommen, dass eine genügende Ernährung des unteren Stammtheiles ausgeschlossen wird.

Da die Qualität des Holzes, insoweit sie im specifischen Gewicht zum Ausdruck gelangt, von der mehr oder weniger guten Ernährung des Cambiums abhängt, so erklärt sich daraus, dass im Entwickelungsgange eines Baumes die Holzgüte mit der Zunahme des Massenzuwachses steigt, mit dessen Abnahme dagegen sinkt. Die Jahrringbreite bildet für sich an einem Baum keinen Maassstab zur Beurtheilung der Holzqualität. Dieselbe nimmt ja auch bei steigendem Zuwachse an Breite ab. Sobald der Flächen- oder Massenzuwachs anfängt abzunehmen, vermindert sich auch die Güte des Holzes. Sehr enge Ringe zeigen desshalb schlechte Qualität an. Da in der Regel bei dominirenden Bäumen der Massenzuwachs nach unten zunimmt, steigt auch die Holzqualität nach unten.

Der Lichtungszuwachs im höheren Alter frei gestellter Bäume ist von grosser Güte, wenn der Boden geschützt ist. Der Zuwachs unterdrückter Bäume ist von der Zeit der Unterdrückung an sehr geringwerthig.

Mit zunehmendem Alter der Bäume steigt der Massenzuwachs, bis er im Schlusse früher, an dominirenden oder frei stehenden Bäumen, später, oft erst nach 2—300 Jahren, anfängt abzunehmen. Dem entsprechend steigert sich auch die Güte des erzeugten Holzes, wozu noch bei Lärche und Kiefer die Steigerung durch den Verkernungsprocess hinzutritt. Insoweit es sich um die Kiefer handelt, ist erwiesen, dass das Holz um so besser ist, auf je besserem Boden es erwächst. Kiefernboden erster Qualität erzeugt auch Kiefernholz erster Qualität. In Bezug auf die anderen Nadelholzarten liegen noch keine brauchbare Untersuchungen vor.

Hochgebirgslagen erzeugen hochwerthiges Holz, weil der langdauernde Winter und der plötzliche Eintritt des Sommers die Production von Frühjahrsholz beeinträchtigt und sehr bald die Sommerholzerzeugung veranlasst, die noch durch die intensive Lichtwirkung in den Hochlagen begünstigt wird. Auf dieselben Ursachen lässt sich die bekannte Thatsache zurückführen, dass im engen Bestandesschlusse erwachsene, aus natürlicher Verjüngung oder aus Saat und engem Pflanzverbande hervorgegangene Nadelhölzer weit besseres Holz besitzen, als solche aus weitem Pflanzverbande hervorgegangene Bäume. Die Erwärmung des blossliegenden oder in lichter Stellung wenig beschirmten Bodens hat frühzeitiges Erwachen der cambialen Thätigkeit am ganzen Stamm und desshalb reichliche Frühjahrsholzproduction zur Folge. Im dicht geschlossenen Bestande erhält sich der Boden lange Zeit hinaus so kühl, dass der Beginn der Zuwachsthätigkeit im Cambiummantel des Stammes um 4—6 Wochen später beginnt, als im freien Stande. Dadurch wird die Erzeugung von Frühjahrholz zurückgedrängt. Das beste Holz wird erzeugt bei stetem Bodenschutz, also natürlicher Verjüngung, mässigem Durchforstungsbetriebe, starker Lichtung im höheren Alter behufs Förderung der Massenproduction unter gleichzeitiger Herstellung des Bodenschutzes durch natürlichen Anflug. Das schlechteste Holz steht zu erwarten bei der jetzt in den Alpen gebräuchlichen Wirthschaft des kahlen Abtriebs und der nothdürftigen Aufforstung durch Saat oder Pflanzung in der Nähe der Stöcke.

In einem geschlossenen älteren Nadelwaldbestande zeigen die von Jugend auf im dichten Schlusse erwachsenen, später zur Unterdrückung kommenden, bei den Durchforstungen zur Nutzung gelangenden Stämme in der Regel eine bessere Qualität, als die dominirenden Bäume, da ihre Wuchsthätigkeit am spätesten erwacht, also relativ am meisten Sommerholz erzeugt; nur von der Zeit der wirklichen Unterdrückung an entsteht schlechtes Holz. Bei den dominirenden Stammklassen eines Bestandes lässt sich eine Correspondenz zwischen Masse und Qualität nicht nachweisen, doch sind im Allgemeinen diejenigen Bäume werthvoller, welche in der Jugend den mittleren Klassen angehörten und dann im höheren Alter sich durch bedeutenden Zuwachs auszeichnen, als solche Bäume, die in der Jugend schnellwüchsig und dominirend waren und im höheren Alter im Wuchse zurückgeblieben sind.

Was die Reihenfolge im Werthe der wichtigsten Nadelholzarten betrifft, so steht im Haubarkeitsalter der Durchschnitt ganzer Bestände etwa wie folgt: Das specifische Trockengewicht beträgt bei Lärche 60—55, bei Kiefer 51—45, bei Fichte 48—43, bei Tanne 45—42.

Endlich sei bezüglich des Wassergehaltes kurz angeführt, dass der Kern nur Wandungswasser, der Splint ausserdem zu jeder Jahreszeit liquides Wasser im Lumen der Organe führt, welches im Hochsommer am reichlichsten, um Neujahr nahezu ebenso reichlich vorhanden ist, im Frühjahr und Herbst dagegen den niedrigsten Stand einnimmt. Dasselbe nimmt im Splinte von unten nach oben an Menge zu, und noch schneller im ganzen Holzkörper, da dieser je weiter nach oben, um so mehr aus Splint gebildet wird.

Bezüglich des Schwindens sei nur hervorgehoben, dass dasselbe etwas geringer ist, als durch den Wasserverlust der Holzwandungssubstanz angezeigt erscheint, da offenbar auch die Zelllumina sich um etwas vergrössern. Je grösser also die Menge der Holzsubstanz, d. h. das specifische Trockengewicht ist, um so grösser ist auch das Schwinden. Doch besteht auch eine Einwirkung der Jahrringbreite, insofern sehr enge Jahrringe bei geringem specifischem Gewichte sehr stark schwinden.

Die

Einzeltabellen.

1. Lärche.

Alter 70 Jahre.   Höhe 30,7 m.   Inhalt 1,10 fm.   28. December 1883.

Baumhöhe und Durchmesser	Baumtheil	Jahrringbreite	Organische Substanz in 100 Raumtheilen frischen Holzes			Luftraum	Wassergehalt			auf 100 Gewichtseinheiten	Specif. Gewicht		Schwindeprocent
			Gramme	Raumtheile			in 100 Raumtheilen						
				trocken	imbibirt		im Ganzen	im flüss. Zustande	der Zellhöhle		frisch	trocken	
a	b	c	d	e	f	g	h	i	k	l	m	n	o
1,5	Splint	2,0	52,2	33,5	51,3	7,7	58,8	41,0	84,2	52,9	111,1	59,2	11,7
„	Mitte	2,0	59,4	—	—	—	26,9	—	—	31,1	86,3	66,9	11,1
„	Kern	3,6	55,5	—	—	—	20,3	—	—	26,8	75,8	60,5	8,3
31,5	Holz	2,8	54,9	—	—	—	32,5	—	—	37,2	87,4	60,7	9,6
6,7	Splint	1,1	49,6	31,8	48,6	9,2	59,0	42,2	82,1	54,4	108,6	57,7	14,1
„	Mitte	1,3	52,8	—	—	—	32,3	—	—	38,0	85,1	62,1	15,0
„	Kern	2,9	52,0	—	—	—	20,5	—	—	28,3	74,5	59,4	12,5
27,0	Holz	2,3	51,2	—	—	—	35,7	—	—	41,1	87,0	59,1	13,4
11,9	Splint	1,2	47,0	30,1	46,0	7,7	62,2	46,3	85,7	56,9	109,3	54,7	14,0
„	Mitte	1,2	51,6	—	—	—	41,6	—	—	44,6	93,2	59,0	12,6
„	Kern	3,0	55,3	—	—	—	21,2	—	—	27,7	76,6	62,7	11,7
24,0	Holz	2,2	52,6	—	—	—	34,7	—	—	39,7	87,3	60,1	12,4
17,1	Splint	1,4	47,4	30,4	46,5	10,9	58,7	42,6	79,6	55,3	106,1	54,6	13,3
„	Mitte	1,7	48,8	—	—	—	33,7	—	—	40,8	82,4	55,3	11,8
„	Kern	2,8	49,5	—	—	—	19,9	—	—	28,7	69,4	55,5	10,8
20,0	Holz	2,4	48,6	—	—	—	36,5	—	—	42,9	85,1	55,1	11,9
22,3	Splint	1,7	45,7	29,3	44,8	6,2	64,5	49,0	88,8	58,5	110,2	52,9	13,7
„	Mitte	2,5	48,2	—	—	—	37,0	—	—	43,4	85,2	55,6	13,2
„	Kern	2,7	49,8	—	—	—	20,9	—	—	29,6	70,8	55,5	10,2
15,0	Holz	2,6	47,3	—	—	—	47,1	—	—	49,9	94,4	54,2	12,7
26,5	Splint	3,1	46,7	29,9	45,7	2,3	67,8	52,0	95,8	59,2	114,4	53,1	12,1
„	Kern	2,2	46,0	—	—	—	35,0	—	—	43,2	81,1	50,8	9,4
8,3	Holz	2,6	46,4	—	—	—	54,1	—	—	53,8	100,5	52,1	11,0
28,7	Splint	2,3	41,5	26,6	40,7	8,3	65,1	510,	86,0	61,3	106,5	45,1	8,0
	Ganzer Stamm		51,9	33,3	50,0	30,8	35,9	19,2	38,4	—	87,8	—	—
	Splintkörper		49,2	31,5	48,2	8,1	60,4	43,7	84,3	—	109,6	—	—

2. Lärche.

Alter 70 Jahre. Höhe 29 m. Inhalt 0,93 fm. 3. April 1884.

Baumhöhe und Durchmesser	Baumtheil	Jahrringbreite	Organische Substanz in 100 Raumtheilen frischen Holzes			Luftraum	Wassergehalt in 100 Raumtheilen			auf 100 Gewichtseinheiten	Specif. Gewicht		Schwindeprocent
			Gramme	Raumtheile			im Ganzen	im flüss. Zustande	der Zellhöhle		frisch	trocken	
				trocken	imbibirt								
a	b	c	d	e	f	g	h	i	k	l	m	n	o
1,5	Splint	1,0	45,2	29,0	44,4	12,1	58,9	43,5	78,2	56,6	104,1	52,9	14,7
„	Mitte	1,3	49,4	—	—	—	21,1	—	—	30,0	70,6	56,1	11,9
„	Kern	3,4	49,8	—	—	—	17,3	—	—	25,9	67,1	55,0	9,5
28,5	Holz	1,8	48,4	—	—	—	29,4	—	—	37.8	77,9	54,7	11,4
6,7	Splint	1,1	44,3	28,4	43,4	11,7	59,9	44,5	79,2	57,1	103,3	52,3	15,3
„	Mitte	1,4	47,9	—	—	—	26,9	—	—	36,0	75,2	55,5	13,8
„	Kern	2,8	47,8	—	—	—	15,9	—	—	25,0	63,8	55,5	13,8
25,5	Holz	1,9	46,7	—	—	—	32,8	—	—	41,2	79,4	54,5	14,3
11,9	Splint	1,2	44,7	28,7	43,9	12,7	58,6	43,4	77,4	56,7	103,3	51,6	13,3
„	Mitte	1,5	48,5	—	—	—	22,3	—	—	31,5	70,9	55,4	12,5
„	Kern	2,7	49,1	—	—	—	17,3	—	—	22,0	66,3	55,6	11,8
22,0	Holz	2,0	47,4	—	—	—	32,7	—	—	40,8	80,1	54,2	12,5
17,1	Splint	1,7	44,4	28,4	43,5	13,3	58,3	43,2	74,7	56,8	102,7	52,2	14,9
„	Mitte	1,9	48,4	—	—	—	18,2	—	—	27,3	66,3	56,4	14,1
„	Kern	2,5	48,1	—	—	—	16,6	—	—	25,6	64,6	54,6	11,9
19,0	Holz	2,1	46,4	—	—	—	36,5	—	—	44,0	82,9	53,8	13,6
22,3	Splint	2,0	46,2	29,6	45,3	9,0	61,4	45,7	83,5	57,1	107,6	53,4	13,6
„	Kern	2,8	46,6	—	—	—	17,0	—	—	26,7	63,6	53,1	12,4
14,0	Holz	2,4	46,3	—	—	—	42,4	—	—	47,7	88,8	53,3	13,1
27,5	Splint	4,5	48,2	30,9	47,3	11,4	57,7	41,3	78,3	54,4	106,0	58,5	17,4
Ganzer Stamm			48,9	31,3	46,9	34,5	34,2	18,6	35,0	—	83,1	—	—
Splintkörper			44,9	28,8	44,1	12,2	59,0	43,7	78,1	—	103,9	—	—

3. Lärche.

Alter 70 Jahre. Höhe 29 m. Inhalt 0,73 fm. 28. Juni 1884.

Baumhöhe und Durchmesser	Baumtheil	Jahrringbreite	Gramme	trocken	imbibirt	Luftraum	im Ganzen	im flüss. Zustande	der Zellhöhle	auf 100 Gewichtseinheiten	frisch	trocken	Schwindeprocent
1,5	Splint	0,8	48,2	30,9	47,3	5,1	64,0	47,6	90,3	57,1	112,2	57,2	15,8
„	Kern	2,6	58,4	—	—	—	26,8	—	—	31,5	85,2	64,4	9,4
28,0	Holz	1,9	56,0	—	—	—	35,6	—	—	38,8	91,7	62,8	10,9
6,7	Splint	0,8	40,7	26,1	39,9	9,3	64,6	50,8	84,4	61,3	105,4	48,3	15,6
„	Kern	2,3	51,4	—	—	—	20,1	—	—	28,1	71,5	59,2	13,2
21,5	Holz	1,6	48,3	—	—	—	32,9	—	—	40,5	81,2	56,1	13,9

3. Lärche.

Baumhöhe und Durchmesser	Baumtheil	Jahrringbreite	Organische Substanz in 100 Raumtheilen frischen Holzes			Luftraum	Wassergehalt			Specif. Gewicht			Schwindeprocent
			Gramme	Raumtheile			in 100 Raumtheilen			auf 100 Gewichtseinheiten	frisch	trocken	
				trocken	imbibirt		im Ganzen	im flüss. Zustande	der Zellhöhle				
a	b	c	d	e	f	g	h	i	k	l	m	n	o
11,9	Splint	1,0	43,5	28,0	42,8	10,7	61,3	46,5	81,3	58,5	104,8	50,0	13,1
„	Kern	2,4	52,2	—	—	—	22,1	—	—	29,8	74,3	58,9	11,3
19,0	Holz	1,8	48,7	—	—	—	37,7	—	—	43,6	86,5	55,4	12,0
17,1	Splint	1,4	43,2	27,7	42,4	9,4	62,9	48,2	83,7	59,1	105,9	52,2	17,1
„	Kern	2,8	47,7	—	—	—	20,5	—	—	30,1	68,2	53,8	11,4
16,5	Holz	2,2	46,1	—	—	—	35,6	—	—	43,6	81,7	53,2	13,4
22,3	Splint	2,3	44,0	28,2	43,1	7,4	64,4	49,5	87,0	59,4	108,4	52,2	15,7
„	Kern	2,9	44,7	—	—	—	20,4	—	—	31,4	65,0	50,3	11,4
12,0	Holz	2,6	44,3	—	—	—	42,7	—	—	49,1	87,1	51,2	13,5
27,5	Splint	2,0	37,2	23,9	36,6	5,0	71,1	58,4	92,1	65,7	108,3	42,2	12,0
Ganzer Stamm			50,7	32,5	48,7	30,6	36,9	20,7	40,3	—	87,6	—	—
Splintkörper			44,4	28,5	43,6	8,1	63,4	48,3	85,6	—	107,8	—	—

4. Lärche.

Alter 70 Jahre. Höhe 30,5 m. Inhalt 1,34 fm. 11. October.

Baumhöhe und Durchmesser	Baumtheil	Jahrringbreite	Gramme	trocken	imbibirt	Luftraum	im Ganzen	im flüss. Zustande	der Zellhöhle	auf 100 Gewichtseinheiten	frisch	trocken	Schwindeprocent
1,5	Splint	1,2	47,6	30,5	46,7	11,3	58,2	42,0	78,8	55,0	105,7	54,1	12,1
„	Kern	2,9	51,8	—	—	—	20,0	—	—	27,9	71,9	56,8	8,8
36,0	Holz	2,5	51,1	—	—	—	27,0	—	—	34,6	78,0	56,3	9,4
6,7	Splint	1,4	47,7	30,6	46,8	11,4	58,0	41,8	78,4	54,9	105,7	55,5	14,1
„	Kern	2,9	47,7	—	—	—	16,8	—	—	26,1	64,5	54,5	12,5
30,0	Holz	2,4	47,7	—	—	—	28,5	—	—	37,4	76,2	54,8	12,9
11,9	Splint	1,4	44,2	28,3	43,3	12,3	59,4	44,4	78,3	57,3	103,7	50,0	11,3
„	Kern	3,0	46,6	—	—	—	16,3	—	—	26,0	62,9	53,1	12,3
26,5	Holz	2,3	45,7	—	—	—	31,9	—	—	41,8	77,6	51,9	12,0
17,1	Splint	1,6	42,3	27,1	41,5	14,0	58,9	44,5	76,1	57,9	101,2	48,6	13,1
„	Kern	3,1	45,2	—	—	—	17,2	—	—	27,5	62,4	50,2	10,0
23,5	Holz	2,4	44,0	—	—	—	34,4	—	—	43,9	78,6	49,6	11,2
22,3	Splint	2,2	41,0	26,3	40,2	9,9	63,8	49,9	83,4	60,9	104,8	47,9	14,5
„	Kern	2,9	44,3	—	—	—	15,7	—	—	26,2	60,0	48,9	9,3
16,5	Holz	2,5	42,0	—	—	—	48,8	—	—	53,7	90,8	48,2	12,9
27,5	Holz	2,8	38,8	24,9	38,1	5,8	69,3	56,1	90,6	64,2	107,9	42,9	9,8
Ganzer Stamm			47,4	30,4	45,6	38,2	31,4	16,2	29,8	—	78,8	—	—
Splintkörper			44,8	28,8	44,1	11,6	59,6	44,3	79,2	—	104,4	—	—

5. Lärche.[1]
Alter 70 Jahre. Höhe 30 m. Inhalt 1,33 fm. 3. April 1884.

Baumhöhe und Durchmesser	Baumtheil	Jahrringbreite	Organische Substanz in 100 Raumtheilen frischen Holzes			Luftraum	Wassergehalt			auf 100 Gewichtseinheiten	Specif. Gewicht		Schwindeprocent
			Gramme	Raumtheile			in 100 Raumtheilen						
				trocken	imbibirt		im Ganzen	im flüss. Zustande	der Zellhöhle		frisch	trocken	
a	b	c	d	e	f	g	h	i	k	l	m	n	o
1,5	Splint	0,9	43,0	27,5	42,1	12,5	60,0	45,4	78,4	58,2	103,0	49,7	13,4
„	Mitte	1,9	49,8	—	—	—	20,4	—	—	29,1	70,2	56,4	11,7
„	Kern	3,5	45,2	—	—	—	15,6	—	—	25,5	60,8	51,0	11,4
35,0	Holz	2,0	45,5	—	—	—	27,8	—	—	37,9	73,3	51,7	12,0
6,7	Splint	1,0	40,1	25,7	39,3	13,7	60,6	47,0	77,4	60,1	100,7	44,9	10,7
„	Mitte	3,5	47,0	—	—	—	21,7	—	—	31,6	68,7	52,8	11,0
„	Kern	3,5	42,7	—	—	—	15,2	—	—	26,4	57,9	48,6	12,2
30,0	Holz	2,5	42,9	—	—	—	25,2	—	—	36,9	68,0	48,6	11,7
11,9	Splint	1,0	39,2	25,1	38,4	16,0	58,9	45,6	74,0	59,6	97,1	44,3	11,6
„	Mitte	1,7	43,4	—	—	—	19,2	—	—	30,6	62,5	49,7	12,7
„	Kern	3,1	42,1	—	—	—	15,2	—	—	26,5	57,4	48,1	12,4
26,0	Holz	2,1	41,5	—	—	—	28,0	—	—	40,3	69,5	47,3	12,2
17,1	Splint	1,9	41,4	26,5	40,5	22,4	51,1	37,1	62,3	55,2	92,5	46,8	11,7
„	Mitte	1,7	45,8	—	—	—	20,4	—	—	30,8	66,1	52,5	12,9
„	Kern	3,6	44,2	—	—	—	16,6	—	—	27,3	60,8	49,6	11,0
22,0	Holz	2,6	43,6	—	—	—	28,1	—	—	39,2	71,5	49,3	11,6
22,3	Splint	1,7	41,8	26,8	41,0	18,3	54,9	40,7	68,9	56,7	96,7	47,7	12,4
„	Kern	3,2	42,9	—	—	—	16,0	—	—	27,2	59,0	48,8	12,1
16,0	Holz	2,4	42,3	—	—	—	36,6	—	—	46,4	78,9	48,3	12,3
27,5	Splint	3,9	44,1	28,3	43,3	7,7	64,0	49,0	86,4	59,2	108,1	50,4	12,6
Ganzer Stamm			43,6	27,3	40,9	44,4	28,3	14,7	24,9	—	71,9	—	—
Splintkörper			41,2	26,4	40,4	15,5	58,1	44,1	74,0	—	99,3	—	—

[1] Dieser Baum wurde am 28. December 1883 über der Erde ringsherum eingesägt. Am 3. April fing derselbe erst an, zu ergrünen, während die anderen Lärchen schon völlig grün waren.

6. Kiefer.

Alter 80 Jahre. Höhe 28 m. Inhalt 0,80 fm. 30. December 1884.

Baumhöhe und Durchmesser	Baumtheil	Jahrringbreite	Organische Substanz in 100 Raumtheilen frischen Holzes			Luftraum	Wassergehalt				Specif. Gewicht		Schwindeprocent
			Gramme	Raumtheile			in 100 Raumtheilen			auf 100 Gewichtseinheiten	frisch	trocken	
				trocken	imbibirt		im Ganzen	im flüss. Zustande	der Zellhöhle				
a	b	c	d	e	f	g	h	i	k	l	m	n	o
1,5	Splint	1,3	46,0	29,5	45,7	12,4	58,1	41,9	77,2	55,8	104,1	53,1	13,3
„	Kern	3,6	39,6	—	—	—	15,4	—	—	28,0	55,0	44,1	10,1
31,0	Holz	2,3	42,8	—	—	—	36,6	—	—	46,1	79,3	48,5	11,6
6,7	Splint	1,4	45,3	29,0	45,0	13,1	57,9	41,9	76,3	56,1	103,2	52,2	13,1
„	Kern	3,2	40,4	—	—	—	14,3	—	—	26,1	54,8	46,1	12,3
26,0	Holz	2,2	43,3	—	—	—	39,4	—	—	47,6	82,6	49,6	12,8
11,9	Splint	1,6	40,9	26,2	40,6	14,9	58,9	44,5	74,9	59,0	99,9	46,7	12,3
„	Kern	4,0	40,4	—	—	—	13,2	—	—	24,9	52,7	44,0	10,3
22,5	Holz	2,5	40,7	—	—	—	40.4	—	—	50,1	80,8	45,6	11,5
17,1	Splint	1,9	39,1	25,1	38,9	12,7	62,2	48,4	79,2	61,4	101,3	44,2	11,6
„	Kern	4,5	38,4	—	—	—	12,5	—	—	25,6	51,6	42,6	9,9
19,0	Holz	2,8	38,8	—	—	—	47,3	—	—	54,9	86,2	43,7	11,0
22,3	Splint	2,8	40,6	25,6	39,7	11,6	62,8	48,7	80,8	60,3	102,4	45,2	10,0
Ganzer Stamm		41,8	—	—	—	40,9	—	—	—	82,7	—	—	
Splintkörper		43,3	27,7	42,9	13,1	59,2	44,0	77,1	—	102,5	—	—	

7. Kiefer.

Alter 100 Jahre. Höhe 30,5 m. Inhalt 1,28 fm. 3. April 1884.

Baumhöhe und Durchmesser	Baumtheil	Jahrringbreite	Gramme	trocken	imbibirt	Luftraum	im Ganzen	im flüss. Zustande	der Zellhöhle	auf 100 Gewichtseinheiten	frisch	trocken	Schwindeprocent
1,5	Splint	0,8	48,6	31,1	48,2	12,3	56,6	39,5	76,2	53,8	105,3	56,3	13,6
„	Mitte	1,7	53,4	—	—	—	28,4	—	—	34,7	81,8	60,9	12,3
„	Kern	3,9	48,7	—	—	—	12,4	—	—	20,3	61,1	53,5	9,1
34,0	Holz	1,8	49,7	—	—	—	34,5	—	—	41,2	84,2	50,4	11,7
6,7	Splint	0,8	46,1	29,5	45,7	11,6	58,9	42,7	78,7	55,4	103,4	52,9	12,9
„	Mitte	1,6	50,9	—	—	—	20,0	—	—	28,2	70,8	57,5	11,5
„	Kern	3,7	44,0	—	—	—	11,2	—	—	20,3	55,2	48,4	9,1
28,5	Holz	1,6	46,0	—	—	—	34,2	—	—	42,6	80,2	51,9	11,3
11,9	Splint	0,9	42,5	27,2	42,1	14,5	58,3	43,4	74,9	57,8	100,7	47,2	10,0
„	Mitte	1,7	41,0	—	—	—	23,2	—	—	36,1	64,2	47,5	13,6
„	Kern	3,7	41,5	—	—	—	12,4	—	—	23,0	54,0	45,8	9,3
26,0	Holz	1,7	41,8	—	—	—	33,0	—	—	44,1	74,9	46,7	10,4

7. Kiefer.

Baumhöhe und Durchmesser	Baumtheil	Jahringbreite	Organische Substanz in 100 Raumtheilen frischen Holzes			Luftraum	Wassergehalt				Specif. Gewicht		Schwindeprocent
			Gramme	Raumtheile			in 100 Raumtheilen			auf 100 Gewichtseinheiten			
				trocken	imbibirt		im Ganzen	im flüss. Zustande	der Zellhöhle		frisch	trocken	
a	b	c	d	e	f	g	h	i	k	l	m	n	o
17,1	Splint	1,0	41,7	26,7	41,4	15,3	58,0	43,3	73,9	58,1	99,7	47,5	12,1
„	Mitte	2,3	42,1	—	—	—	29,8	—	—	41,4	71,9	47,5	11,4
„	Kern	3,3	40,8	—	—	—	11,9	—	—	22,6	52,7	47,0	13,1
22,0	Holz	1,8	41,6	—	—	—	40,6	—	—	49,2	82,2	47,4	12,3
22,3	Splint	1,3	41,0	26,3	40,8	15,8	57,9	43,4	73,3	58,8	98,9	46,7	12,3
„	Kern	2,8	42,8	—	—	—	37,2	—	—	46,6	80,0	49,3	13,3
17,5	Holz	2,0	41,7	—	—	—	49,4	—	—	54,3	91,2	47,8	12,8
27,5	Splint	1,9	41,8	26,8	41,5	18,9	54,3	39,6	67,7	56,5	96,0	47,1	11,4
Ganzer Stamm			45,3	—	—	—	38,2	—	—	—	83,5	—	—
Splintkörper			44,8	28,7	44,5	13,6	57,7	41,9	75,5	—	102,5	—	—

8. Kiefer.

Alter 110 Jahre. Höhe 31 m. Inhalt 1,74 fm. 29. Juni 1884.

Baumhöhe und Durchmesser	Baumtheil	Jahringbreite	Gramme	trocken	imbibirt	Luftraum	im Ganzen	im flüss. Zustande	der Zellhöhle	auf 100 Gewichtseinheiten	frisch	trocken	Schwindeprocent
1,5	Splint	1,0	46,1	29,5	45,7	11,9	58,6	42,4	78,1	55,9	104,7	54,6	15,7
„	Mitte	2,4	47,7	—	—	—	22,7	—	—	32,2	70,4	54,4	12,3
„	Kern	2,9	43,8	—	—	—	14,2	—	—	24,1	58,1	49,8	12,1
40,5	Holz	1,7	45,6	—	—	—	36,1	—	—	44,2	81,7	52,9	13,8
6,7	Splint	1,0	39,8	25,5	39,5	12,5	62,0	48,0	79,3	60,9	101,8	46,8	15,1
„	Mitte	1,5	41,7	—	—	—	18,4	—	—	30,6	60,0	49,0	14,9
„	Kern	3,4	37,0	—	—	—	11,5	—	—	23,5	48,5	42,3	12,4
32,5	Holz	1,8	39,1	—	—	—	33,3	—	—	45,9	72,4	45,5	14,0
11,9	Splint	1,0	37,3	23,9	37,0	14,7	61,4	48,3	76,6	62,2	98,6	42,7	12,7
„	Mitte	1,6	38,6	—	—	—	19,4	—	—	32,3	57,0	45,0	14,3
„	Kern	2,9	37,2	—	—	—	11,0	—	—	22,1	48.2	42,1	11,8
30,0	Holz	1,6	37,6	—	—	—	35,7	—	—	48,8	73,3	43,1	12,8
17,1	Splint	1,2	37,2	23,8	36,9	15,1	61,1	47,5	75,9	62,2	98,3	43,0	13,6
„	Mitte	1,5	38,0	—	—	—	27,3	—	—	41,8	65,4	42,3	10,2
„	Kern	2,7	36,0	—	—	—	10,7	—	—	22,9	46,6	39,1	8,0
25,5	Holz	1,7	36,9	—	—	—	36,3	—	—	49,5	73,2	41,5	10,9

8. Kiefer.

Baumhöhe und Durchmesser	Baumtheil	Jahrringbreite	Organische Substanz in 100 Raumtheilen frischen Holzes			Luftraum	Wassergehalt in 100 Raumtheilen			auf 100 Gewichtseinheiten	Specif. Gewicht		Schwindeprocent
			Gramme	Raumtheile			im Ganzen	im flüss. Zustande	der Zellhöhle		frisch	trocken	
				trocken	imbibirt								
a	b	c	d	e	f	g	h	i	k	l	m	n	o
22,3	Splint	1,4	37,2	23,8	36,9	16,4	59,8	46,7	74,0	61,7	97,0	41,7	10,9
„	Kern	2,3	37,8	—	—	—	14,4	—	—	27,6	52,2	42,4	11,0
20,5	Holz	1,8	37,4	—	—	—	42,6	—	—	53,3	80,0	42,0	11,0
27,5	Splint	1,8	36,2	23,2	36,0	16,7	60,1	47,3	73,9	62,4	96,3	41,1	11,8
Ganzer Stamm			40,5	—	—	—	36,5	—	—	—	77,0	––	—
Splintkörper			40,7	26,1	40,4	13,6	60,3	46,0	77,2	—	101,0	—	—

9. Kiefer.
Alter 80 Jahre. Höhe 27 m. Inhalt 1,19 fm. 10. October 1884.

a	b	c	d	e	f	g	h	i	k	l	m	n	o
1,5	Splint	2,4	43,3	27,7	42,8	12,2	60,1	45,0	78,6	58,1	103,4	49,3	12,2
„	Kern	2,7	53,0	verkient		—	16,9	—	—	24,2	70,0	59,9	11,5
34,5	Holz	2,5	45,3	—	—	—	51,1	—	—	53,0	96,5	51,5	12,9
6,7	Splint	1,6	41,0	26,3	40,7	14,9	58,8	44,4	74,9	59,2	99,4	46,2	11,3
„	Kern	2,9	40,0	—	—	—	20,0	—	—	33,3	60,0	44,5	10,1
29,5	Holz	2,0	40,7	—	—	—	45,7	—	—	52,9	86,3	45,6	10,9
11,9	Splint	1,8	38,7	24,8	38,4	14,1	61,1	47,5	77,1	61,2	99,8	42,8	9,7
„	Kern	3,8	37,4	—	—	—	17,0	—	—	31,3	54,5	43,4	13,7
26,0	Holz	2,6	38,2	—	—	—	45,3	—	—	54,2	83,5	43,0	11,1
17,1	Splint	2,5	39,8	25,5	39,5	12,8	61,7	47,7	78,8	60,6	101,8	44,6	10,9
22,3	Splint	2,3	38,8	24,8	38,4	13,6	61,6	48,0	77,9	61,4	100,3	43,2	10,6
Ganzer Stamm			41,8	—	—	—	50,1	—	—	—	91,9	—	—
Splintkörper			41,8	26,8	41,5	13,0	60,2	45,5	77,7	—	102,0	—	—

10. Kiefer.[1]
Alter 100 Jahre. Inhalt 0,93 fm. 3. April 1884.

a	b	c	d	e	f	g	h	i	k	l	m	n	o
1,5	Splint	0,9	46,1	29,5	45,7	8,9	61,6	45,4	83,6	57,2	107,7	53,4	13,6
„	Mltte	2,5	42,6	—	—	—	36,2	—	—	45,9	78,8	48,8	12,7
„	Kern	4,6	42,7	—	—	—	13,4	—	—	23,9	56,2	47,3	9,7
29,5	Holz	1,6	44,3	—	—	—	40,3	—	—	47,6	84,6	50,3	12,0

1) Dieser Baum wurde am 28. December 1883 völlig entästet.

10. Kiefer.

Baumhöhe und Durchmesser	Baumtheil	Jahrringbreite	Organische Substanz in 100 Raumtheilen frischen Holzes			Luftraum	Wassergehalt				Specif. Gewicht		Schwindeprocent
			Gramme	Raumtheile			in 100 Raumtheilen			auf 100 Gewichtseinheiten			
				trocken	imbibirt		im Ganzen	im flüss. Zustande	der Zellhöhle		frisch	trocken	
a	b	c	d	e	f	g	h	i	k	l	m	n	o
6,7	Splint	0,8	39,5	25,3	39,2	9,7	65,0	51,1	84,1	62,2	104,5	45,2	12,6
„	Mitte	1,7	43,6	—	—	—	28,3	—	—	39,3	71,9	49,5	11,8
„	Kern	3,9	45,6	—	—	—	11,9	—	—	20,7	57,5	51,3	11,2
25,5	Holz	1,6	42,4	—	—	—	39,2	—	—	48,0	81,7	48,2	11,9
11,9	Splint	0,8	37,5	24,0	37,2	10,1	65,9	52,7	83,8	63,7	103,3	42,6	11,9
„	Mitte	2,3	42,4	—	—	—	32,5	—	—	43,4	74,9	47,2	10,3
„	Kern	3,2	40,3	—	—	—	12,3	—	—	23,4	52,6	44,5	9,3
20,5	Holz	1,7	39,4	—	—	—	41,7	—	—	51,4	81,1	44,1	10,7
17,1	Splint	1,2	39,6	25,4	39,4	6,9	67,7	53,7	88,6	63,1	107,3	44,9	11,8
„	Kern	2,6	42,6	—	—	—	22,8	—	—	34,9	65,4	48,6	12,3
16,0	Holz	1,6	40,7	—	—	—	51,9	—	—	56,1	92,6	46,2	12,0
22,3	Splint	2,8	41,2	26,4	40,9	9,2	64,4	49,9	84,4	60,9	105,6	46,3	10,9
Ganzer Stamm			41,5	—	—	—	42,6	—	—	—	84,1	—	—
Splintkörper			41,6	26,7	41,4	9,1	64,2	49,5	84,5	—	105,8	—	—

11. Kiefer.[1]
Alter 80 Jahre.   Inhalt 1,14 fm.   28. Juni 1884.

a	b	c	d	e	f	g	h	i	k	l	m	n	o
1,5	Splint	1,6	52,0	33,3	51,6	12,0	54,7	36,4	75,2	51,2	106,8	59,7	12,8
„	Mitte	4,0	51,1	—	—	—	16,1	—	—	23,9	67,2	56,9	10,2
„	Kern	4,8	43,2	—	—	—	17,7	—	—	22,9	56,1	49,4	12,5
32,0	Holz	2,7	50,3	—	—	—	38,8	—	—	43,5	89,1	57,3	12,2
6,7	Splint	1,2	47,1	30,2	46,8	12,7	57,1	40,5	76,1	54,8	104,2	55,6	15,2
„	Mitte	3,0	42,7	—	—	—	22,4	—	—	34,4	65,1	48,8	12,3
„	Kern	5,0	39,4	—	—	—	12,2	—	—	23,9	51,8	44,5	11,6
28,0	Holz	2,1	44,5	—	—	—	40,0	—	—	47,3	84,4	51,6	13,8
11,9	Splint	1,6	43,4	27,8	43,1	11,8	60,4	45,1	79,2	58,2	103,9	50,1	13,4
„	Kern	4,0	42,3	—	—	—	31,1	—	—	42,4	73,4	48,7	13,2
24,0	Holz	2,0	43,2	—	—	—	54,3	—	—	55,7	97,5	49,8	13,3
17,1	Splint	1,5	45,1	28,9	44,8	10,9	60,2	44,3	80,3	57,1	105,3	51,5	12,2
„	Kern	3,7	44,3	—	—	—	15,7	—	—	26,2	60,0	51,8	15,9
20,5	Holz	2,2	44,8	—	—	—	43,6	—	—	49,3	88,4	51,6	13,0

1) Dieser Baum wurde am 28. December 1883 völlig entästet.

11. Kiefer.

Baumhöhe und Durchmesser	Baum-theil	Jahrringbreite	Organische Substanz in 100 Raumtheilen frischen Holzes			Luftraum	Wassergehalt			auf 100 Gewichtseinheiten	Specif. Gewicht		Schwindeprocent
			Gram-me	Raumtheile			in 100 Raum-theilen						
				trocken	imbi-birt		im Ganzen	im flüss. Zustande	der Zellhöhle		frisch	trocken	
a	b	c	d	e	f	g	h	i	k	l	m	n	o
22,3	Splint	3,0	41,7	26,7	41,4	9,4	63,9	49,2	83,9	60,5	105,7	47,0	11,3
25,5	Splint	2,4	42,8	27,4	42,5	13,3	59,3	44,2	76,9	58,1	102,2	48,4	11,5
	Ganzer Stamm	45,9	—	—	—	44,8	—	—	—	90,7	—	—	
	Splintkörper	46,9	30,1	46,6	11,8	58,1	41,6	77,9	—	105,0	—	—	

12. Kiefer.[1])

Alter 90 Jahre. Inhalt 0,76 fm. 29. Juni 1884.

Baumhöhe und Durchmesser	Baum-theil	Jahrringbreite	Gram-me	trocken	imbi-birt	Luftraum	im Ganzen	im flüss. Zustande	der Zellhöhle	auf 100 Gewichtseinheiten	frisch	trocken	Schwindeprocent
1,5	Splint	1,3	47,9	30,7	47,6	9,9	59,4	42,5	81,1	55,3	107,1	57,8	17,0
„	Mitte	2,1	50,1	—	—	—	27,6	—	—	35,5	77,7	57,3	12,5
„	Kern	2,4	44,4	—	—	—	14,4	—	—	24,4	58,8	52,5	15,4
27,0	Holz	1,7	47,3	—	—	—	42,8	—	—	47,5	90,6	56,3	15,9
6,7	Splint	1,1	46,1	29,5	45,7	13,9	56,6	40,4	74,4	55,1	102,6	55,4	16,9
„	Kern	2,5	44,2	—	—	—	20,8	—	—	31,9	64,9	50,9	13,2
24,0	Holz	1,6	45,3	—	—	—	41,3	—	—	47,7	86,6	53,5	15,3
11,9	Splint	1,7	46,3	29,7	46,0	16,3	54,0	37,7	70,0	53,9	100,3	52,3	11,5
„	Kern	2,8	40,9	—	—	—	18,8	—	—	31,4	59,6	46,4	11,9
21,0	Holz	2,1	44,0	—	—	—	39,1	—	—	47,1	83,1	50,0	11,6
17,1	Splint	2,1	42,1	27,0	41,8	13,0	60,0	45,2	77,7	58,7	102,1	47,5	11,3
„	Kern	3,8	42,6	—	—	—	29,7	—	—	41,0	72,3	45,8	7,0
16,5	Holz	2,7	42,3	—	—	—	53,9	—	—	56,1	96,1	44,6	10,5
22,3	Splint	2,3	41,0	26,3	40,8	18,0	55,3	40,8	68,9	57,5	96,3	45,7	10,3
	Ganzer Stamm	45,2	—	—	—	43,4	—	—	—	88,6	—	—	
	Splintkörper	45,9	29,4	45,6	13,3	57,3	41,1	75,5	—	103,2	—	—	

13. Kiefer.[2])

Alter 100 Jahre. Inhalt 0,71 fm. 9. October 1884.

Baumhöhe und Durchmesser	Baum-theil	Jahrringbreite	Gram-me	trocken	imbi-birt	Luftraum	im Ganzen	im flüss. Zustande	der Zellhöhle	auf 100 Gewichtseinheiten	frisch	trocken	Schwindeprocent
1,5	Splint	0,8	44,4	28,5	44,1	12,7	58,8	43,2	77,3	56,9	103,1	52,1	14,8
„	Mitte	2,0	42,1	—	—	—	22,7	—	—	35,0	64,7	48,1	12,5
„	Kern	4,3	40,3	—	—	—	12,5	—	—	23,7	52,9	45,2	10,8
27,0	Holz	1,5	42,9	—	—	—	40,3	—	—	48,8	83,2	49,5	13,3

---

1) Dieser Baum ist am 4. April entästet. Sein Zuwachs bis zum 28. Juni ist Seite 33 dargestellt.

2) Dieser Baum ist am 4. April entästet. Sein Zuwachs ist Seite 33 dargestellt.

13. Kiefer.

Baumhöhe und Durchmesser	Baum-theil	Jahrringbreite	Organische Substanz in 100 Raumtheilen frischen Holzes			Luftraum	Wassergehalt				Specif. Gewicht		Schwindeprocent
			Gramme	Raumtheile			in 100 Raumtheilen			auf 100 Gewichtseinheiten			
				trocken	imbibirt		im Ganzen	im flüss. Zustande	der Zellhöhle		frisch	trocken	
a	b	c	d	e	f	g	h	i	k	l	m	n	o
6,7	Splint	0,6	43,4	27,8	43,1	12,0	60,2	44,9	78,9	58,1	103,2	50,6	14,2
„	Mitte	1,5	42,3	—	—	—	22,9	—	—	35,1	65,2	47,9	11,6
„	Kern	3,0	38,3	—	—	—	10,9	—	—	22,6	49,2	41,9	8,6
22,0	Holz	1,2	41,3	—	—	—	36,5	—	—	46,9	77,8	46,9	11,8
11,9	Splint	0,7	40,9	26,2	40,6	13,1	60,7	46,3	78,0	59,7	101,7	46,4	11,8
„	Kern	2,8	38,9	—	—	—	16,5	—	—	29,8	55,3	42,7	9,1
18,0	Holz	1,4	40,1	—	—	—	41,8	—	—	51,1	81,9	44,8	10,7
17,1	Splint	0,8	39,2	25,1	38,9	13,1	61,8	48,0	78,6	61,2	101,0	44,3	11,6
„	Kern	3,1	38,7	—	—	—	15,4	—	—	28,6	53,8	42,5	9,6
15,5	Holz	1,4	38,9	—	—	—	46,9	—	—	54,6	85,8	43,7	10,9
22,3	Splint	1,2	41,2	26,4	40,9	9,6	64,0	49,5	83,7	60,8	105,2	46,5	11,3
„	Kern	2,5	38,8	—	—	—	47,9	—	—	55,3	86,7	43,5	10,8
11,0	Holz	1,6	40,7	—	—	—	60,7	—	—	59,8	101,4	45,9	11,2
25,0	Splint	2,0	40,4	25,9	40,1	16,4	57,7	43,5	72,6	59,1	98,0	45,4	11,1
Ganzer Stamm			41,3	—	—	—	42,2	—	—	—	83,5	—	—
Splintkörper			43,8	28,1	43,5	11,8	60,1	44,7	79,1	—	103,9	—	—

14. Kiefer.[1]
Alter 90 Jahre. Inhalt 1,16 fm. 30. December 1884.

1,5	Splint	1,4	44,5	28,5	44,2	12,7	58,8	43,1	77,3	56,9	103,3	51,0	12,9
„	Kern	2,4	43,0	—	—	—	16,0	—	—	27,1	59,0	48,3	10,9
30,5	Holz	1,8	44,0	—	—	—	44,9	—	—	50,5	88,9	50,1	12,2
6,7	Splint	1,2	40,0	25,6	39,7	14,6	59,8	45,7	75,8	60,0	99,8	46,1	13,3
„	Kern	2,5	38,0	—	—	—	14,3	—	—	31,5	55,5	43,2	12,1
27,5	Holz	1,7	39,1	—	—	—	43,0	—	—	52,3	82,2	44,9	12,8
11,9	Splint	1,4	36,7	23,5	36,4	14,7	61,8	48,9	76,9	62,7	98,5	40,8	10,2
„	Kern	3,1	34,5	—	—	—	15,7	—	—	31,2	50,2	38,7	10,7
26,0	Holz	2,0	35,9	—	—	—	46,6	—	—	56,4	82,5	40,1	10,4
17,1	Splint	1,6	34,5	22,1	34,2	13,4	64,5	52,4	79,6	65,1	99,1	38,3	9,8
„	Kern	3,5	35,2	—	—	—	15,7	—	—	30,9	50,9	38,6	8,8
22,0	Holz	2,2	34,8	—	—	—	48,2	—	—	58,1	83,0	38,4	9,5

1) Dieser Baum ist am 11. October 1884 entästet.

14. Kiefer.

Baumhöhe und Durchmesser	Baum-theil	Jahrringbreite	Organische Substanz in 100 Raumtheilen frischen Holzes			Luftraum	Wassergehalt				Specif. Gewicht		Schwindeprocent
			Gramme	Raumtheile			in 100 Raumtheilen			auf 100 Gewichtseinheiten			
				trocken	imbibirt		im Ganzen	im flüss. Zustande	der Zellhöhle		frisch	trocken	
a	b	c	d	e	f	g	h	i	k	l	m	n	o
22,3	Splint	2,4	32,8	21,0	32,6	11,1	67,9	56,3	83,5	67,5	100,7	36,3	9,7
27,5	Splint	2,8	35,2	22,6	35,0	13,0	64,4	52,0	80,0	64,6	98,9	39,2	10,0
	Ganzer Stamm		38,6	—	—	—	47,4	—	—	—	86,0	—	—
	Splintkörper		39,2	25,1	38,9	13,5	61,4	47,6	77,9	—	100,6	—	—

15. Kiefer.[1]

Alter 100 Jahre. Höhe 28 m. Inhalt 1,4 fm. 3. April 1884.

Baumhöhe und Durchmesser	Baum-theil	Jahrringbreite	Gramme	trocken	imbibirt	Luftraum	im Ganzen	im flüss. Zustande	der Zellhöhle	auf 100 Gewichtseinheiten	frisch	trocken	Schwindeprocent
1,5	Splint	1,2	45,4	29,1	45,1	20,3	50,6	34,5	63,0	51,2	98,8	55,2	12,6
„	Mitte	2,3	44,8	—	—	—	22,5	—	—	33,4	67,2	52,4	14,5
„	Kern	4,5	40,1	—	—	—	10,6	—	—	23,9	52,7	44,5	10,0
36,5	Holz	2,2	44,9	—	—	—	32,7	—	—	42,2	77,6	51,2	11,9
6,7	Splint	1,2	45,5	29,1	45,1	19,9	51,0	35,0	63,7	52,8	96,5	52,3	13,0
„	Mitte	1,8	43,0	—	—	—	21,8	—	—	33,6	64,8	47,1	8,6
„	Kern	4,5	38,5	—	—	—	11,5	—	—	22,9	50,0	42,6	9,5
31,0	Holz	2,0	42,1	—	—	—	33,5	—	—	43,8	76,4	48,3	11,1
11,9	Splint	1,2	42,2	27,0	41,9	21,8	51,2	36,3	62,5	54,8	93,4	47,2	10,6
„	Mitte	2,0	40,4	—	—	—	20,5	—	—	33,7	60,9	45,1	10,6
„	Kern	3,7	37,9	—	—	—	11,3	—	—	22,9	49,2	41,9	9,6
26,0	Holz	2,0	40,5	—	—	—	33,1	—	—	44,9	73,4	45,1	10,3
17,1	Splint	1,6	39,7	25,5	39,5	23,2	51,3	37,3	61,6	56,1	91,0	44,4	10,6
„	Mitte	2,9	39,6	—	—	—	26,4	—	—	40,0	65,9	44,8	11,7
„	Kern	5,3	39,3	—	—	—	11,1	—	—	22,0	50,5	43,1	8,6
23,0	Holz	2,6	39,6	—	—	—	36,4	—	—	47,9	76,0	44,2	10,3
22,3	Splint	2,6	41,0	26,3	40,8	24,5	49,2	34,7	58,6	54,5	90,2	45,5	9,8
„	Kern	4,1	40,4	—	—	—	32,3	—	—	44,5	72,7	44,5	9,4
17,0	Holz	3,2	40,9	—	—	—	44,9	—	—	52,3	85,7	45,2	9,7
26,5	Splint	2,9	40,0	25,6	39,7	19,5	54,9	40,8	67,6	57,9	94,9	44,7	10,6
	Ganzer Stamm		42,3	—	—	—	34,8	—	—	—	77,1	—	—
	Splintkörper		43,4	27,8	43,1	21,5	50,7	35,4	62,2	—	94,1	—	—

1) Dieser Baum wurde am 28. December 1883 über dem Boden eingesägt.

16. Kiefer.[1])

Alter 95 Jahre. Höhe 28 m. Inhalt 1,37 fm. 28. Juni 1884.

Baumhöhe und Durch-messer	Baum-theil	Jahrringbreite	Organische Substanz in 100 Raumtheilen frischen Holzes			Luftraum	Wassergehalt			auf 100 Ge-wichtseinheiten	Specif. Gewicht		Schwindeprocent
			Gram-me	Raumtheile			in 100 Raum-theilen						
				trocken	imbi-birt		im Ganzen	im flüss. Zu-stande	derZell-höhle		frisch	trocken	
a	b	c	d	e	f	g	h	i	k	l	m	n	o
1,5	Splint	1,9	46,3	29,7	46,0	15,6	54,7	38,4	70,5	54,1	101,0	53,7	13,6
„	Mitte	1,9	47,0	—	—	—	23,7	—	—	33,6	70,8	54,2	13,2
„	Kern	3,8	42,1	—	—	—	12,5	—	—	23,0	54,8	47,9	11,9
34,0	Holz	2,4	45,6	—	—	—	40,0	—	—	46,8	85,6	52,5	13,2
6,7	Splint	1,8	44,9	28,8	44,6	17,6	53,6	37,8	68,2	54,4	98,6	51,9	13,5
„	Mitte	2,1	43,3	—	—	—	25,8	—	—	37,3	69,0	50,0	13,3
„	Kern	3,4	39,0	—	—	—	12,0	—	—	23,5	51,0	46,1	15,3
31,0	Holz	2,2	43,3	—	—	—	40,0	—	—	47,9	83,1	50,3	13,9
11,9	Splint	2,1	43,8	28,1	43,5	17,2	54,7	39,3	69,5	55,5	98,5	50,9	14,0
„	Mitte	3,0	41,0	—	—	—	20,9	—	—	33,8	61,9	46,4	11,8
„	Kern	4,6	38,7	—	—	—	11,6	—	—	22,9	50,2	43,4	10,9
27,5	Holz	2,6	42,7	—	—	—	43,5	—	—	50,5	86,2	49,2	13,2
17,1	Splint	2,5	41,2	26,4	40,9	17,2	56,4	41.9	70,9	57,8	97,7	45,6	9,5
„	Kern	5,0	39,2	—	—	—	26,9	—	—	40,6	66,0	44,3	11,5
23,5	Holz	3,2	40,8	—	—	—	48,9	—	—	54,5	89,7	45,3	10,0
22,3	Splint	3,9	39,0	25,0	39,0	13,3	61,7	47,7	78,2	61,2	100,7	43,7	10,8
„	Kern	3,0	38,4	—	—	—	42,5	—	—	52,5	80,9	42,1	9,0
16,0	Holz	3,6	38,9	—	—	—	59,6	—	—	60,4	98,5	43,6	10,6
26,5	Splint	3,0	36,6	23,4	36,3	11,2	65,4	52,5	82,4	64,1	102,0	40,4	9,5
Ganzer Stamm			43,1	—	—	—	43,5	—	—	—	86,6	—	—
Splintkörper			43,9	28,1	43,5	16,1	55,8	40,4	71,5	—	99,7	—	—

1) Dieser Baum wurde am 1. Januar 1884 über dem Boden eingesägt. Der Splint wurde aber auf der einen Seite nicht völlig durchschnitten. Die neuen Triebe haben erst die halbe normale Länge erreicht, die Nadeln sind 2 cm lang. Eine schwache Jahrringbildung zu erkennen.

17. Kiefer.[1]

Alter 80 Jahre. Höhe 28 m. Inhalt 1,11 fm. 28. Juni 1884.

Baumhöhe und Durchmesser	Baumtheil	Jahrringbreite	Organische Substanz in 100 Raumtheilen frischen Holzes			Luftraum	Wassergehalt				Specif. Gewicht		Schwindeprocent
			Gramme	Raumtheile			in 100 Raumtheilen			auf 100 Gewichtseinheiten			
				trocken	imbibirt		im Ganzen	im flüss. Zustande	der Zellhöhle		frisch	trocken	
a	b	c	d	e	f	g	h	i	k	l	m	n	o
1,5	Splint	1,3	40,4	25,9	40,1	44,8	29,3	15,1	25,2	42,6	69,7	46,8	13,8
„	Mitte	2,5	41,1	—	—	—	22,6	—	—	35,4	63,8	48,4	14,9
„	Kern	4,2	40,7	—	—	—	11,8	—	—	20,8	52,5	44,7	9,0
31,0	Holz	2,0	40,7	—	—	—	23,4	—	—	36,6	64,1	46,6	12,9
6,7	Splint	1,5	38,7	24,8	38,4	22,9	52,3	38,7	62,8	57,5	91,0	44,9	13,9
„	Mitte	2,5	38,5	—	—	—	18,8	—	—	32,8	57,3	43,0	10,4
„	Kern	3,8	36,0	—	—	—	10,9	—	—	23,2	47,0	40,5	11,0
28,0	Holz	2,1	38,2	—	—	—	36,5	—	—	48,9	74,7	43,6	12,9
11,9	Splint	2,0	38,2	24,5	38,0	17,3	58,2	44,7	72,1	60,4	96,4	43,5	12,1
„	Kern	3,7	37,7	—	—	—	18,4	—	—	32,7	56,1	42,3	10,8
24,0	Holz	2,6	38,1	—	—	—	44,1	—	—	53,7	82,2	43,1	11,7
17,1	Splint	2,3	36,4	23,3	36,1	26,4	50,3	37,5	58,7	58,0	86,7	41,2	11,6
„	Kern	4,3	36,0	—	—	—	21,5	—	—	37,5	57,6	40,6	11,2
19,0	Holz	3,0	36,3	—	—	—	41,9	—	—	53,6	78,2	40,9	11,5
22,3	Splint	2,6	36,5	23,4	36,3	20,2	56,4	43,5	68,3	60,7	92,9	40,6	10,3
27,5	Splint	2,6	36,0	23,1	35,8	14,2	62,7	50,0	77,9	63,5	98,7	39,0	7,5
Ganzer Stamm			38,7	—	—	—	34,9	—	—	—	73,6	—	—
Splintkörper			38,5	24,6	38,1	28,3	47,1	33,6	54,3	—	85,6	—	—

18. Kiefer.[2]

Alter 95 Jahre. Höhe 29 m. Inhalt 1,31 fm. 11. October 1884.

a	b	c	d	e	f	g	h	i	k	l	m	n	o
1,5	Splint	1,5	49,8	31,9	49,4	22,4	45,7	28,2	55,7	47,8	95,6	58,1	14,1
„	Kern	2,7	48,5	—	—	—	14,7	—	—	23,2	63,1	55,1	12,0
35,0	Holz	2,0	49,3	—	—	—	32,8	—	—	40,0	82,0	56,8	13,2

1) Dieser Baum ist am 4. April 1884 über dem Boden eingeschnitten. Die neuen Triebe sind kaum von halber Länge und bereits welk. Es ist kein Zuwachs erfolgt, aber die Rinde ist leicht lösbar.

2) Dieser Baum ist am 4. April eingeschnitten, aber der Splint nicht vollständig bis zum Kern durchsägt. Die neuen Triebe haben $2/_3$ der normalen Länge, die Nadeln sind nur halb ausgewachsen, die Hälfte derselben ist trocken und fällt ab.

18. Kiefer.

Baumhöhe und Durchmesser	Baum-theil	Jahringbreite	Organische Substanz in 100 Raumtheilen frischen Holzes			Luftraum	Wassergehalt			auf 100 Gewichtseinheiten	Specif. Gewicht		Schwindeprocent
			Gramme	Raumtheile			in 100 Raumtheilen				frisch	trocken	
				trocken	imbi-birt		im Ganzen	im flüss. Zustande	der Zellhöhle				
a	b	c	d	e	f	g	h	i	k	l	m	n	o
6,7	Splint	1,2	44,2	28,3	43,8	19,5	52,2	36,7	65,3	54,2	96,4	50,9	13,3
„	Kern	2,5	41,4	—	—	—	13,5	—	—	24,7	55,0	46,1	10,0
30,0	Holz	1,7	43,2	—	—	—	38,2	—	—	46,9	81,4	49,1	12,1
11,9	Splint	1,4	41,9	26,8	41,5	22,1	51,1	36,4	62,2	54,9	93,0	47,6	12,1
„	Kern	3,1	41,4	—	—	—	11,4	—	—	21,7	52,9	46,6	11,1
26,5	Holz	2,0	41,8	—	—	—	38,3	—	—	47,9	80,1	47,3	11,8
17,1	Splint	1,7	39,3	25,2	39,1	16,3	58,5	44,6	73,2	59,8	97,8	44,3	11,3
„	Kern	3,1	40,6	—	—	—	13,0	—	—	24,3	53,5	44,9	9,8
22,5	Holz	2,2	39,7	—	—	—	45,8	—	—	53,6	85,5	44,5	10,9
22,3	Splint	2,7	40,4	25,9	40,1	12,7	61,4	47,2	78,9	60,4	101,8	44,6	9,5
27,5	Splint	2,6	33,6	—	—	—	65,0	—	—	65,9	98,6	37,6	9,4
Ganzer Stamm		44,2	—	—	—	39,1	—	—	—	83,3	—	—	
Splintkörper		44,4	28,5	44,2	19,7	51,8	36,1	64,7	—	96,2	—	—	

19. Kiefer.

Alter 235 Jahre. Höhe 23 m. Inhalt 2,98 fm. 23. October 1884.
Revier Geisenfeld.

Baumhöhe und Durchmesser	Baum-theil	Jahringbreite	Gramme	trocken	imbi-birt	Luftraum	im Ganzen	im flüss. Zustande	der Zellhöhle	auf 100 Gew.	frisch	trocken	Schwindeprocent
1,3	Splint	0,8	45,8	29,3	45,4	13,3	57,4	41,3	75,6	55,6	103,3	54,4	15,7
	Splint	1,0	47,3	30,3	47,0	14,2	55,5	38,8	73,2	53,9	102,8	55,0	13,9
	Mitte	1,4	50,0	—	—	—	31,9	—	—	38,9	81,9	58,4	14,3
Süd	Kern	1,5	49,8	—	—	—	15,2	—	—	23,4	65,0	58,9	15,5
	Kern	2,4	49,0	—	—	—	15,6	—	—	24,2	64,6	57,1	14,2
	Kern	0,8	55,6	—	—	—	15,1	—	—	21,4	70,8	63,6	12,5
55,0	Holz	1,24	48,5	—	—	—	34,9	—	—	41,9	83,5	56,9	14,7
1,3	Splint	0,5	40,5	25,9	40,1	12,3	61,8	47,6	79,4	60,4	102,3	45,7	11,4
	Splint	0,8	44,3	28,4	44,0	14,5	57,1	41,5	74,1	56,3	101,4	51,1	13,3
	Mitte	1,2	48,3	—	—	—	35,4	—	—	42,2	83,2	55,9	13,4
Nord	Kern	1,8	48,4	—	—	—	15,4	—	—	24,2	63,9	55,5	12,8
	Kern	2,3	47,7	—	—	—	14,9	—	—	23,8	62,6	55,5	13,9
	Kern	2,4	49,4	—	—	—	16,3	—	—	24,8	65,7	57,6	14,3
	Kern	0,8	51,1	—	—	—	14,5	—	—	22,1	65,6	56,5	9,5
55,0	Holz	1,29	46,9	—	—	—	29,1	—	—	38,3	76,0	54,1	14,1
Durchschnitt Nord und Süd		**47,7**	—	—	—	**32,0**	—	—	**40,1**	**79,8**	**55,5**	**14,4**	

19. Kiefer.

Baumhöhe und Durchmesser	Baum-theil	Jahrringbreite	Organische Substanz in 100 Raumtheilen frischen Holzes			Luftraum	Wassergehalt				Specif. Gewicht		Schwindeprocent
			Gramme	Raumtheile			in 100 Raumtheilen			auf 100 Gewichtseinheiten			
				trocken	imbibirt		im Ganzen	im flüss. Zu-stande	der Zell-höhle		frisch	trocken	
a	b	c	d	e	f	g	h	i	k	l	m	n	o
6,5	Splint	0,6	38,4	24,6	38,1	11,6	63,8	50,3	81,1	62,6	102,5	42,7	10,2
	Mitte	0,7	42,2	—	—	—	40,7	—	—	49,1	82,9	48,2	12,5
Süd	Kern	0,9	49,2	—	—	—	14,6	—	—	22,9	63,8	55,2	10,9
	Kern	1,3	48,0	—	—	—	15,4	—	—	24,3	63,4	56,6	15,2
	Kern	2,5	47,4	—	—	—	16,0	—	—	25,3	63,4	55,7	15,0
52,0	Holz	0,91	43,6	—	—	—	37,6	—	—	46,3	81,3	49,6	12,1
6,5	Splint	0,6	38,2	24,5	38,0	10,5	65,0	51,5	83,1	62,9	103,2	46,5	17,7
	Mitte	0,7	41,6	—	—	—	42,3	—	—	50,4	84,0	48,4	13,8
Nord	Kern	1,5	47,0	—	—	—	14,2	—	—	23,2	61,3	55,4	13,4
	Kern	2,3	48,0	—	—	—	14,7	—	—	23,5	62,7	57,2	13,4
	Kern	4,4	46,7	—	—	—	14,6	—	—	23,8	61,3	55,3	15,6
52,0	Holz	1,53	44,2	—	—	—	30,9	—	—	41,1	75,1	52,1	15,2
Durchschnitt Nord und Süd			**43,9**	—	—	—	**34,2**	—	—	**43,7**	**78,2**	**50,9**	**13,7**
11,7	Splint	0,9	32,0	20,5	31,8	12,2	67,3	56,0	82,1	67,7	99,4	36,0	11,2
	Mitte	0,9	33,2	—	—	—	31,8	—	—	48,9	65,0	35,7	7,0
Süd	Kern	1,3	38,8	—	—	—	11,9	—	—	23,4	50,6	41,3	6,1
	Kern	1,8	38,4	—	—	—	12,7	—	—	24,8	51,2	—	—
43,0	Holz	1,25	33,8	—	—	—	34,9	—	—	49,6	70,3	=	—
11,7	Splint	0,6	31,9	20,4	31,6	12,6	67,0	55,8	81,6	67,7	99,0	35,9	11,0
	Mitte	0,7	36,8	—	—	—	32,4	—	—	46,8	69,2	40,9	10,0
Nord	Kern	1,5	43,0	—	—	—	13,2	—	—	23,6	56,3	48,7	11,8
	Kern	2,3	42,9	—	—	—	13,2	—	—	23,6	56,2	49,4	13,2
43,0	Holz	1,27	38,8	—	—	—	31,9	—	—	45,1	70,8	43,8	11,6
Durchschnitt Nord und Süd			**36,6**	—	—	—	**33,4**	—	—	**47,3**	**70,6**	**41,3**	—
16,9	Splint	0,95	38,0	24,4	37,8	10,1	65,5	52,1	83,8	63,3	103,5	41,7	8,9
	Mitte	1,1	40,6	—	—	—	34,2	—	—	45,7	74,8	47,0	13,5
Süd	Kern	0,9	43,1	—	—	—	11,5	—	—	21,0	54,6	48,7	11,5
24,0	Holz	0,94	39,5	—	—	—	49,2	—	—	55,5	88,2	43,9	10,1
16,9	Splint	0,95	36,9	23,6	36,6	9,9	66,5	53,5	84,4	64,3	103,4	41,2	10,4
Nord	Mitte	1,2	40,2	—	—	—	34,9	—	—	46,5	75,2	45,0	10,6

19. Kiefer.

Baumhöhe und Durchmesser	Baumtheil	Jahrringbreite	Organische Substanz in 100 Raumtheilen frischen Holzes			Luftraum	Wassergehalt				Specif. Gewicht		Schwindeprocent
			Gramme	Raumtheile			in 100 Raumtheilen			auf 100 Gewichtseinheiten			
				trocken	imblbirt		im Ganzen	im flüss. Zustande	der Zellhöhle		frisch	trocken	
a	b	c	d	e	f	g	h	i	k	l	m	n	o
Nord	Kern	1,5	44,8	—	—	—	13,0	—	—	22,5	57,8	49,0	8,6
24,0	Holz	1,21	39,7	—	—	—	45,5	—	—	53,4	83,3	44,2	10,0
Durchschnitt Süd und Nord			**39,6**	—	—	—	**47,3**	—	—	**54,4**	**85,8**	**44,1**	**10,0**
21,2	Süd	0,5	42,4	27,2	42,2	14,8	58,0	43,0	74,4	57,7	100,4	47,8	11,2
8,0	Nord	1,1	48,7	31,2	48,3	17,2	51,6	34,5	66,7	51,4	100,4	53,8	9,4
Durchschnitt Süd und Nord			**45,5**	—	—	—	**54,8**	—	—	**54,5**	**100,4**	**50,8**	**10,3**
Ganzer Baum			**42,9**	—	—	—	**34,4**	—	—	**44,3**	**77,3**	**49,4**	—
Ast Oberseite 9,8	Splint	0,14	39,6	25,4	39,4	11,2	63,4	49,4	81,5	61,6	102,5	43,1	8,2
	Mitte	0,33	44,4	—	—	—	25,7	—	—	36,7	70,1	49,8	10,7
	Kern	0,50	53,6	—	—	—	22,4	—	—	29,5	76,1	57,9	7,3
	Holz	0,29	46,2	—	—	—	38,1	—	—	45,2	84,3	50,5	8,5
Unterseite	Splint	0,15	43,4	—	—	—	59,7	—	—	57,9	103,1	46,0	6,1
	Mitte		51,0	—	—	—	39,3	—	—	43,5	90,3	45,5	6,4
	Kern	0,46	62,7	—	—	—	14,8	—	—	19,1	77,5	67,5	7,2
	Holz		54,1	—	—	—	33,9	—	—	38,5	88,0	58,0	6,6
Durchschnitt Ober- und Unterseite			**50,1**	—	—	—	**36,0**	—	—	**41,8**	**86,1**	**54,3**	**7,6**

20. Kiefer.

Alter 115 Jahre. Höhe 23,6 m. Inhalt 1,08 fm. 23. October 1884.

Revier Geisenfeld.

a	b	c	d	e	f	g	h	i	k	l	m	n	o
1,3 Süd 31,5	Splint	0,6	48,4	31,0	48,0	11,8	57,2	40,2	77,3	54,2	105,6	57,4	15,6
	Mitte	1,2	52,1	—	—	—	26,7	—	—	33,9	78,9	60,4	13,7
	Kern	2,5	46,6	—	—	—	14,5	—	—	23,7	61,1	52,7	11,5
	Holz	1,15	49,4	—	—	—	37,1	—	—	42,9	86,5	57,5	14,1
1,3 Nord 31,5	Splint	0,7	44,0	28,2	43,7	13,7	58,1	42,6	75,7	56,9	102,1	48,7	9,5
	Mitte	2,1	51,2	—	—	—	26,0	—	—	33,7	77,2	55,3	7,4
	Kern	3,4	46,6	—	—	—	14,2	—	—	23,3	61,4	51,1	8,6
	Holz	1,74	46,4	—	—	—	35,4	—	—	43,3	81,8	50,9	8,8
Durchschnitt Süd und Nord			**47,9**	—	—	—	**36,2**	—	—	**43,1**	**84,1**	**54,2**	**11,5**

20. Kiefer.

Baumhöhe und Durchmesser	Baumtheil	Jahrringbreite	Organische Substanz in 100 Raumtheilen frischen Holzes			Luftraum	Wassergehalt				Specif. Gewicht		Schwindeprocent
			Gramme	Raumtheile			in 100 Raumtheilen			auf 100 Gewichtseinheiten			
				trocken	imbibirt		im Ganzen	im flüss. Zustande	der Zellhöhle		frisch	trocken	
a	b	c	d	e	f	g	h	i	k	l	m	n	o
6,5	Splint	0,6	43,5	27,9	43,2	10,2	61,9	46,6	82,0	58,7	105,4	51,2	15,0
Süd	Mitte	0,8	44,7	—	—	—	28,0	—	—	38,5	72,6	51,0	12,5
	Kern	2,5	40,2	—	—	—	13,2	—	—	24,7	53,4	46,1	12,8
29,0	Holz	1,10	42,6	—	—	—	34,3	—	—	44,6	76,9	49,2	13,5
6,5	Splint	0,6	39,5	25,3	39,2	15,0	59,7	45,8	75,3	60,2	99,2	44,7	11,6
Nord	Mitte	1,1	47,6	—	—	—	14,7	—	—	23,6	62,3	52,1	8,6
	Kern	3,1	42,8	—	—	—	13,5	—	—	24,0	56,1	48,9	12,3
29,0	Holz	1,32	43,0	—	—	—	29,2	—	—	40,5	72,3	48,4	11,1
Durchschnitt Süd und Nord			**42,8**	—	—	—	**31,8**	—	—	**42,5**	**74,6**	**48,8**	**12,3**
11,7	Splint	0,7	40,3	25,8	40,0	10,0	64,2	50,0	83,3	61,5	104,4	46,8	13,9
Süd	Mitte	1,1	40,8	—	—	—	48,6	—	—	54,4	89,4	49,8	18,0
	Kern	1,6	41,5	—	—	—	12,8	—	—	23,5	54,3	46,3	10,9
26,0	Holz	1,08	40,9	—	—	—	43,9	—	—	51,8	84,7	47,3	13,6
11,7	Splint	0,6	35,7	22,9	35,5	13,0	64,1	51,5	79,8	64,2	99,8	41,0	13,0
Nord	Mitte	1,1	43,9	—	—	—	28,9	—	—	39,8	72,8	48,2	8,8
	Kern	3,2	40,9	—	—	—	12,1	—	—	22,8	53,0	44,4	7,8
26,0	Holz	1,54	40,1	—	—	—	30,4	—	—	43,0	70,5	44,4	9,5
Durchschnitt Süd und Nord			**40,5**	—	—	—	**37,1**	—	—	**47,4**	**77,6**	**45,8**	**11,6**
16,9	Splint	1,0	38,2	23,8	36,9	10,0	66,2	53,1	84,1	63,4	104,3	42,1	9,4
Süd	Mitte	1,6	42,2	—	—	—	35,1	—	—	45,4	77,4	46,3	8,8
	Kern	1,8	45,3	—	—	—	13,1	—	—	22,4	58,4	48,0	5,7
18,5	Holz	1,32	40,9	—	—	—	45,3	—	—	52,5	86,3	44,7	8,4
16,9	Splint	1,1	40,7	26,1	40,5	10,5	63,4	49,0	82,3	61,0	104,4	45,1	9,7
Nord	Mitte	2,4	40,0	—	—	—	30,0	—	—	42,9	69,9	44,7	10,7
	Kern	2,3	43,1	—	—	—	11,9	—	—	21,6	55,0	46,6	7,5
18,5	Holz	1,59	40,9	—	—	—	42,2	—	—	50,8	83,1	45,2	9,6
Durchschnitt Süd und Nord			**40,9**	—	—	—	**43,5**	—	—	**51,7**	**84,7**	**44,9**	**9,0**
22,1	Splint	1,0	39,7	25,4	39,4	11,2	63,4	49,4	81,5	61,6	102,3	44,0	9,8
Süd	Kern	1,4	43,9	—	—	—	33,2	—	—	43,1	77,1	46,9	6,4
9,2	Holz	1,12	41,0	—	—	—	53,7	—	—	56,7	94,8	44,9	8,7

20. Kiefer.

Baumhöhe und Durchmesser	Baum-theil	Jahrringbreite	Organische Substanz in 100 Raumtheilen frischen Holzes			Luftraum	Wassergehalt				Specif. Gewicht		Schwindeprocent
			Gram-me	Raumtheile			in 100 Raum-theilen			auf 100 Ge-wichtseinheiten			
				trocken	imbi-birt		im Ganzen	im flüss. Zu-stande	derZell-höhle		frisch	trocken	
a	b	c	d	e	f	g	h	i	k	l	m	n	o
22,1	Splint	1,5	43,7	28,0	43,4	13,2	58,8	43,4	76,7	57,3	102,6	48,1	9,0
Nord	Kern	1,8	43,7	—	—	—	35,3	—	—	44,7	78,7	48,9	10,6
9,2	Holz	1,65	43,7	—	—	—	49,9	—	—	53,3	93,7	48,4	9,6
Durchschnitt Süd und Nord			42,3	—	—	—	51,8	—	—	55,0	94,2	46,7	9,1
Ganzer Baum			43,0	—	—	—	36,1	—	—	44,9	79,1	48,2	—

---

21. Fichte.

Alter 120 Jahre. Höhe 32 m. Inhalt 1,11 fm. 30. December 1885.

a	b	c	d	e	f	g	h	i	k	l	m	n	o
1,5	Splint	0,8	43,7	28,0	44,8	10,4	61,6	44,8	81,1	58,5	105,3	51,5	15,1
„	Kern	1,5	42,6	—	—	—	15,7	—	—	26,9	58,2	49,9	14,7
30,0	Holz	1,3	42,9	—	—	—	30,9	—	—	41,8	73,9	50,9	14,9
6,7	Splint	0,7	43,9	28,1	45,0	11,7	60,2	43,3	78,7	57,8	104,1	53,4	17,7
„	Kern	1,5	43,2	—	—	—	15,9	—	—	26,9	59,1	50,1	13,8
27,0	Holz	1,2	43,4	—	—	—	30,1	—	—	41,0	73,5	51,1	15,1
11,9	Splint	0,7	43,3	27,7	44,3	12,4	59,9	43,3	77,7	58,1	103,2	52,1	16,9
„	Kern	1,4	41,3	—	—	—	14,7	—	—	26,3	56,0	47,4	13,0
23,5	Holz	1,1	42,0	—	—	—	31,9	—	—	43,2	73,9	49,1	14,5
17,1	Splint	0,7	43,5	27,0	43,2	11,8	61,2	45,0	79,2	58,5	104,7	51,8	16,1
„	Kern	1,6	42,1	—	—	—	15,8	—	—	27,2	57,8	48,6	13,4
20,5	Holz	1,2	42,7	—	—	—	34,1	—	—	44,4	76,8	49,8	14,6
22,3	Splint	0,9	39,4	25,2	40,3	9,9	64,9	49,8	83,4	62,3	104,4	46,7	15,6
„	Kern	1,7	41,2	—	—	—	18,0	—	—	30,4	59,3	46,8	11,0
16,5	Holz	1,3	40,2	—	—	—	45,1	—	—	52,9	84,6	46,7	14,1
27,5	Splint	1,3	39,5	25,3	40,5	9,8	64,9	49,7	83,5	62,2	104,4	45,6	13,5
„	Kern	1,8	42,8	—	—	—	27,4	—	—	39,1	70,2	47,2	9,4
11,0	Holz	1,5	40,4	—	—	—	53,9	—	—	57,1	94,3	46,1	12,3
Ganzer Stamm			42,5	27,2	43,5	39,2	33,6	17,3	30,6	—	76,1	—	—
Splintkörper			42,8	27,4	43,8	10,9	61,7	45,3	80,6	—	104,5	—	—

22. Fichte.

Alter 130 Jahre. Höhe 34,5 m. Inhalt 1,76 fm. 3. April 1884.

Baumhöhe und Durch-messer	Baum-theil	Jahrringbreite	Organische Substanz in 100 Raumtheilen frischen Holzes			Luftraum	Wassergehalt			auf 100 Gewichtseinheiten	Specif. Gewicht		Schwindeprocent
			Gramme	Raumtheile			in 100 Raumtheilen				frisch	trocken	
				trocken	imbibirt		im Ganzen	im flüss. Zustande	der Zellhöhle				
a	b	c	d	e	f	g	h	i	k	l	m	n	o
1,5	Splint	1,2	40,8	26,1	41,7	12,7	61,2	45,6	78,2	60,0	102,0	47,6	14,3
„	Mitte	1,0	44,0	—	—	—	34,9	—	—	44,2	78,9	51,8	15,0
„	Kern	1,6	46,1	—	—	—	14,8	—	—	24,4	60,9	53,4	13,6
36,5	Holz	1,4	44,7	—	—	—	27,9	—	—	38,5	72,6	52,0	14,0
6,7	Splint	0,9	43,6	27,9	44,6	18,1	54,0	37,3	67,3	55,3	97,7	51,1	14,7
„	Mitte	0,9	43,9	—	—	—	21,4	—	—	32,8	65,3	52,8	16,9
„	Kern	1,5	42,8	—	—	—	13,5	—	—	24,0	56,3	50,7	15,7
32,5	Holz	1,2	43,2	—	—	—	25,6	—	—	37,2	68,9	51,3	15,7
11,9	Splint	1,0	43,0	27,6	44,1	14,0	58,4	41,9	74,9	57,6	101,3	51,0	15,6
„	Mitte	0,9	44,4	—	—	—	24,1	—	—	35,2	68,4	52,5	15,4
„	Kern	1,6	42,1	—	—	—	13,1	—	—	23,8	55,2	49,1	14,3
30,0	Holz	1,3	42,9	—	—	—	30,3	—	—	41,4	73,2	50,5	15,0
17,1	Splint	1,0	40,8	26,2	41,9	15,5	58,3	42,6	73,3	58,5	99,7	51,9	20,3
„	Mitte	0,9	41,5	—	—	—	26,0	—	—	38,5	67,4	48,6	14,8
„	Kern	2,5	39,9	—	—	—	12,6	—	—	24,0	52,5	45,9	13,1
26,0	Holz	1,5	40,8	—	—	—	30,0	—	—	42,3	70,7	48,4	15,7
22,3	Splint	1,2	38,5	24,7	39,5	11,9	63,4	48,6	80,3	62,2	101,9	43,9	12,3
„	Mitte	1,5	42,1	—	—	—	33,6	—	—	44,5	75,8	48,1	12,5
„	Kern	1,6	44,6	—	—	—	11,5	—	—	20 6	56,1	50,3	11,3
21,0	Holz	1,5	41,2	—	—	—	40,7	—	—	49,7	81,9	46,8	12,0
27,5	Splint	1,2	39,3	25,2	40,3	9,4	65,4	50,3	84,3	62,5	104,6	46,1	14,9
„	Kern	1,9	44,4	—	—	—	19,5	—	—	30,6	64,0	49,5	10,3
17,0	Holz	1,6	41,8	—	—	—	42,5	—	—	50,4	84,3	47,8	12,6
32,7	Holz	1,2	42,0	26,9	43,0	8,8	64,3	48,2	84,5	60,5	106,3	47,3	11,3
	Ganzer Stamm		42,9	27,5	44,0	42,0	30,5	14,0	25,0	—	73,4	—	—
	Splintkörper		41,4	26,5	42,4	14,1	59,4	43,5	75,5	—	100,8	—	—

23. Fichte.

Alter 130 Jahre. Höhe 34,5 m. Inhalt 1,74 fm. 27. Juni.

Baumhöhe und Durch-messer	Baum-theil	Jahrringbreite	Gramme	trocken	imbibirt	Luftraum	im Ganzen	im flüss. Zustande	der Zellhöhle	auf 100 Gewichtseinheiten	frisch	trocken	Schwindeprocent
a	b	c	d	e	f	g	h	i	k	l	m	n	o
1,5	Splint	1,0	43,2	27,7	44,3	9,4	62,9	46,3	83,1	59,3	106,2	51,1	15,3
„	Mitte	1,2	45,4	—	—	—	18,9	—	—	29,4	64,4	52,8	13,8
„ 36,0	Kern	—	faul	—	—	—	—	—	—	—	—	—	—

23. Fichte.

Baumhöhe und Durchmesser	Baum-theil	Jahrringbreite	Organische Substanz in 100 Raumtheilen frischen Holzes			Luftraum	Wassergehalt				Specif. Gewicht		Schwindeprocent
			Gramme	Raumtheile			in 100 Raumtheilen			auf 100 Gewichtseinheiten			
				trocken	imbi-birt		im Ganzen	im flüss. Zu-stande	der Zell-höhle		frisch	trocken	
a	b	c	d	e	f	g	h	i	k	l	m	n	o
6,7	Splint	0,9	43,9	28,1	44,9	12,1	59,8	43,0	78,0	57,6	103,8	52,1	15,4
„	Mitte	1,0	44,6	—	—	—	18,9	—	—	29,7	63,5	53,6	16,7
„	Kern	1,9	41,7	—	—	—	13,2	—	—	24,1	55,0	49,1	14,9
33,0	Holz	1,3	43,1	—	—	—	29,9	—	—	40,9	73,0	51,0	15,5
11,9	Splint	0,9	41,9	26,8	42,9	12,9	60,3	44,2	77,4	59,0	102,2	50,5	17,0
„	Mitte	0,9	43,3	—	—	—	19,8	—	—	31,1	63,1	50,9	14,9
„	Kern	1.8	40,2	—	—	—	12,6	—	—	24,0	52,8	46,4	13,5
28,0	Holz	1,3	41,5	—	—	—	30,7	—	—	42,5	72,2	48,9	15,0
17,1	Splint	1,0	41,7	26,7	42,7	8,3	65,0	49,0	85,5	60,9	106,6	48,8	14,8
„	Mitte	1,2	42,5	—	—	—	19,6	—	—	31,6	62,1	49,0	13,3
„	Kern	2,1	40,0	—	—	—	12,4	—	—	23,6	52,4	46,5	13,9
26,5	Holz	1,4	41,4	—	—	—	42,0	—	—	50,4	83,5	48,3	14,2
22,3	Splint	1,2	41,8	26,8	42,9	5,7	67,5	51,4	90,0	61,7	109,4	49,7	15,8
„	Mitte	1,5	42,0	—	—	—	31,7	—	—	42,9	73,7	48,2	12,9
„	Kern	2,1	40,2	—	—	—	12,4	—	—	23,5	52,6	48,8	17,3
21,0	Holz	1,6	41,4	—	—	—	43,2	—	—	51,1	84,6	49,1	15,5
27,5	Splint	1,7	40,3	25,8	41,3	6,7	67,5	52,0	88,6	62,6	107,8	46,6	13,5
„	Kern	2,3	41,8	—	—	—	25,9	—	—	38,3	67,8	47,3	11,6
16,5	Holz	2,0	40,9	—	—	—	51,1	—	—	55,5	91,9	46,9	12,6
32,7	Holz	2,4	41,3	26,5	42,4	7,6	65,9	50,0	86,8	61,5	107,4	47,3	12,6
Ganzer Stamm			41,6	26,7	42,7	37,1	36,2	20,2	35,2	—	77,8	—	—
Splintkörper			42,3	27,1	43,4	9,6	63,3	47,1	83,0	—	105,6	—	—

24. Fichte.

Alter 115 Jahre.   Höhe 34 m.   Inhalt 1,62 fm.   11. October 1884.

a	b	c	d	e	f	g	h	i	k	l	m	n	o
1,5	Splint	1,2	40,4	25,9	41,4	15,2	58,9	43,4	74,1	59,4	99,0	45,9	12,5
„	Kern	1,6	41,1	—	—	—	15,0	—	—	26,8	56,1	45,6	10,0
34,0	Holz	1,5	40,7	—	—	—	32,9	—	—	44,8	73,6	45,7	11,0
6,7	Splint	0,9	39,6	25,4	40,6	16,0	58,6	43,4	73,0	59,7	98,2	46,7	15,2
„	Kern	1,7	39,1	—	—	—	13,9	—	—	26,1	53,2	45,0	12,6
31,0	Holz	1,5	39,4	—	—	—	29,5	—	—	42,8	68,9	45,5	13,5

24. Fichte.

Baumhöhe und Durchmesser	Baumtheil	Jahrringbreite	Organische Substanz in 100 Raumtheilen frischen Holzes			Luftraum	Wassergehalt			auf 100 Gewichtseinheiten	Specif. Gewicht		Schwindeprocent
			Gramme	Raumtheile			in 100 Raumtheilen				frisch	trocken	
				trocken	imbibirt		im Ganzen	im flüss. Zustande	der Zellhöhle				
a	b	c	d	e	f	g	h	i	k	l	m	n	o
11,9	Splint	1,0	38,4	24,6	39,4	21,6	53,8	39,0	64,4	58,4	92,2	43,9	12,5
„	Kern	1,7	38,4	—	—	—	12,9	—	—	25,2	51,3	43,9	12,6
29,0	Holz	1,4	38,4	—	—	—	29,3	—	—	43,3	67,7	43,9	12,5
17,1	Splint	1,0	35,4	22,7	36,3	22,6	54,7	41,1	64,5	60,7	90,2	39,8	10,9
„	Kern	1,8	37,8	—	—	—	12,7	—	—	25,2	50,6	41,7	9,2
25,5	Holz	1,5	36,8	—	—	—	31,7	—	—	46,3	68,4	40,8	10,0
22,3	Splint	1,2	35,1	22,5	36,0	18,7	58,8	45,3	70,7	62,2	94,0	39,3	10,6
„	Kern	2,2	37,0	—	—	—	16,8	—	—	31,3	53,8	41,7	11,3
21,5	Holz	1,7	36,2	—	—	—	34,2	—	—	48,4	70,4	40,7	11,0
27,5	Splint	1,7	32,3	20,7	33,1	9,0	70,3	57,9	84,0	68,5	102,6	36,1	10,8
„	Kern	3,1	36,5	—	—	—	26,1	—	—	41,7	62,6	40,8	10,4
15,0	Holz	2,2	33,3	—	—	—	60,0	—	—	64,3	93,3	37,2	10,7
32,7	Splint	3,0	39,9	25,6	41,0	4,8	69,6	54,2	91,9	63,6	109,4	43,4	8,1
	Ganzer Stamm		38,5	24,7	39,5	42,3	33,0	18,2	30,1	—	71,5	—	—
	Splintkörper		37,9	24,3	38,9	17,4	58,3	43,7	71,5	—	96,2	—	—

25. Fichte.[1)]

Alter 125 Jahre. Inhalt 1,53 fm. 2. April 1884.

Baumhöhe und Durchmesser	Baumtheil	Jahrringbreite	Gramme	trocken	imbibirt	Luftraum	im Ganzen	im flüss. Zustande	der Zellhöhle	auf 100 Gew.	frisch	trocken	Schwindeprocent
1,5	Splint	0,8	41,8	26,8	42,9	10,6	62,6	46,5	81,4	60,0	104,4	48,9	14,4
34,0			kernfaul										
6,7	Splint	0,8	44,4	28,5	45,6	16,9	54,6	37,5	68,9	55,2	99,1	50,9	12,9
„	Mitte	0,8	44,6	—	—	—	16,3	—	—	26,8	60,9	51,8	14,0
„	Kern	1,7	41,5	—	—	—	13,2	—	—	24,2	54,7	47,7	13,1
30,5	Holz	1,0	42,9	—	—	—	26,4	—	—	38,4	69,3	49,5	13,3
11,9	Splint	0,5	40,9	26,2	41,9	11,0	62,8	47,1	81,1	60,5	103,8	46,6	12,2
„	Mitte	0,8	42,7	—	—	—	18,0	—	—	29,7	60,8	49,9	14,4
„	Kern	1,6	40,4	—	—	—	12,2	—	—	23,1	52,8	46,4	12,7
28,0	Holz	1,0	41,0	—	—	—	28,0	—	—	40,6	69,0	47,1	12,8

---

1) Dieser Baum wurde am 28. December 1883 entästet.

130   Einzeltabellen.

25. Fichte.

Baumhöhe und Durchmesser	Baum-theil	Jahrringbreite	Organische Substanz in 100 Raumtheilen frischen Holzes			Luftraum	Wassergehalt				Specifisch. Gewicht		Schwindeprocent
			Gramme	Raumtheile			in 100 Raumtheilen			auf 100 Gewichtseinheiten			
				trocken	imbibirt		im Ganzen	im flüss. Zustande	der Zellhöhle		frisch	trocken	
a	b	c	d	e	f	g	h	i	k	l	m	n	o
17,1	Splint	0,6	44,1	28,3	45,3	17,7	54,0	37,0	67,7	55,0	98,1	49,2	13,1
„	Mitte	1,0	44,3	—	—	—	19,7	—	—	30,8	64,0	50,9	13,0
„	Kern	1,9	42,7	—	—	—	13,2	—	—	20,2	56,0	48,0	10,7
24,0	Holz	1,3	43,6	—	—	—	26,9	—	—	38,2	70,4	49,4	11,9
22,3	Splint	0,9	42,2	27,0	43,2	19,1	53,9	37,7	66,4	55,9	95,9	47,7	11,3
„	Mitte	1,1	39,6	—	—	—	19,3	—	—	32,8	59,0	45,2	12,3
„	Kern	2,1	43,2	—	—	—	13,2	—	—	23,4	56,4	47,0	8,1
21,5	Holz	1,4	42,1	—	—	—	30,2	—	—	41,8	72,2	46,9	10,3
27,5	Splint	1,4	42,5	27,2	43,5	20,1	52,7	36,4	64,4	55,3	95,3	48,4	12,2
„	Kern	2,0	43,1	—	—	—	33,0	—	—	43,4	76,1	48,1	10,4
13,5	Holz	1,7	42,8	—	—	—	44,4	—	—	50,9	86,9	48,3	11,4
Ganzer Stamm			42,3	—	—	—	28,1	—	—	—	70,4	—	—
Splintkörper			43,2	27,7	44,3	13,7	58,6	42,0	75,4	—	101,8	—	—

26. Fichte.[1])

Alter 130 Jahre.   Inhalt 1,48 fm.   27. Juni 1884.

a	b	c	d	e	f	g	h	i	k	l	m	n	o
1,5	Splint	0,9	43,6	28,0	44,8	13,0	59,0	42,2	76,6	57,5	102,7	51,4	15,2
36,0	Holz	?	Kern faul.										
6,7	Splint	0,8	42,1	27,0	43,2	19,6	53,4	37,2	65,5	55,9	95,4	48,9	13,9
„	Mitte	0,9	44,7	—	—	—	20,4	—	—	31,3	65,1	52,1	14,1
„	Kern	2,1	43,4	—	—	—	13,3	—	—	23,4	56,6	49,7	12,6
32,0	Holz	1,4	43,3	—	—	—	27,3	—	—	38,7	76,0	49,9	13,4
11,9	Splint	0,9	46,7	29,9	47,8	15,5	54,6	36,7	70,3	53,5	100,4	54,2	13,8
„	Mitte	1,1	45,2	—	—	—	18,9	—	—	29,5	64,5	53,0	14,7
„	Kern	1,4	44,4	—	—	—	13,3	—	—	23,1	57,7	50,1	11,5
27,0	Holz	1,2	45,4	—	—	—	28,8	—	—	38,8	74,2	52,2	13,0
17,1	Splint	0,9	46,5	29,8	47,7	12,0	58,2	40,3	77,0	55,6	104,7	54,2	14,2
„	Mitte	1,0	43,5	—	—	—	35,3	—	—	44,8	78,8	52,1	16,4
„	Kern	2,0	44,5	—	—	—	14,1	—	—	24,1	58,6	51,1	12,9
23,5	Holz	1,4	44,9	—	—	—	34,3	—	—	43,3	79,2	52,3	14,2

1) Dieser Baum wurde am 28. December 1883 entästet. Am 27. April war der Cambiummantel noch im Winterzustande. Die Rinde löste sich noch nicht.

26. Fichte.

Baumhöhe und Durchmesser	Baum-theil	Jahrringbreite	Organische Substanz in 100 Raumtheilen frischen Holzes			Luftraum	Wassergehalt				Specif. Gewicht		Schwindeprocent
			Gramme	Raumtheile			in 100 Raumtheilen			auf 100 Gewichtseinheiten	frisch	trocken	
				trocken	imbibirt		im Ganzen	im flüss. Zustande	der Zellhöhle				
a	b	c	d	e	f	g	h	i	k	l	m	n	o
22,3	Splint	1,4	43,5	27,9	44,6	11,6	60,5	43,8	79,1	58,2	104,0	52,5	17,2
„	Kern	1,8	41,8	—	—	—	23,0	—	—	35,6	64,8	48,3	13,5
18,0	Holz	1,6	42,7	—	—	—	44,1	—	—	50,8	86,9	50,5	15,6
27,5	Splint	1,4	40,5	26,0	41,6	11,6	62,4	46,8	80,1	60,6	102,9	46,1	12,1
„	Kern	1,8	42,1	—	—	—	28,5	—	—	39,8	70,0	49,3	14,6
10,0	Holz	1,7	41,1	—	—	—	50,3	—	—	55,0	91,4	47,2	12,9
Ganzer Stamm		44,2	—	—	—	30,6	—	—	—	74,8	—	—	
Splintkörper		44,1	28,3	45,3	15,9	55,8	38,8	70,9	—	99,9	—	—	

27. Fichte.[1]

Alter 130 Jahre. Inhalt 1,15 fm. 29. Juni 1884.

a	b	c	d	e	f	g	h	i	k	l	m	n	o
1,5	Splint	1,0	47,7	30,6	48,9	8,5	60,9	42,6	83,3	56,1	108,7	57,8	17,4
„	Mitte	0,8	49,5	—	—	—	27,8	—	—	36,0	77,3	60,0	17,5
„	Kern	1,3	44,6	—	—	—	14,2	—	—	24,2	58,9	52,1	15,1
28,0	Holz	1,1	46,4	—	—	—	29,4	—	—	38,8	75,8	55,1	15,8
6,7	Splint	0,8	47,2	30,1	48,2	6,6	63,3	45,2	87,2	57,3	110,5	56,4	16,4
„	Mitte	0,8	47,5	—	—	—	27,8	—	—	36,9	75,3	56,4	15,8
„	Kern	1,5	43,9	—	—	—	13,1	—	—	22,9	56,9	50,2	12,5
25,5	Holz	1,1	45,7	—	—	—	32,3	—	—	41,4	78,0	53,4	14,4
11,9	Splint	0,8	45,7	29,3	46,9	9,5	61,2	43,6	82,1	57,3	107,0	54,4	15,9
„	Mitte	0,8	46,0	—	—	—	22,4	—	—	32,8	68,4	54,2	15,1
„	Kern	1,6	41,8	—	—	—	12,2	—	—	22,6	54,1	47,6	12,1
23,5	Holz	1,2	44,1	—	—	—	30,7	—	—	41,6	74,8	51,3	14,1
17,1	Splint	0,9	46,8	30,0	48,0	9,5	60,5	42,5	81,7	56,4	107,3	54,4	14,0
„	Mitte	1,0	45,1	—	—	—	21,4	—	—	32,2	66,4	51,7	12,8
„	Kern	1,8	43,9	—	—	—	12,8	—	—	22,6	56,7	50,0	12,1
22,0	Holz	1,3	45,4	—	—	—	35,1	—	—	43,6	80,5	52,3	13,1
22,3	Splint	1,0	40,9	26,2	41,9	4,8	69,0	53,3	91,7	62,8	109,8	44,5	8,1
„	Kern	1,8	41,2	—	—	—	22,8	—	—	39,9	75,3	48,1	14,3
19,0	Holz	1,4	41,1	—	—	—	43,0	—	—	51,1	84,1	46,2	11,1

1) Dieser Baum wurde am 4. April 1884 entästet. Der Zuwachs dieses Jahres ist Seite 33 berechnet.

27. Fichte.

Baumhöhe und Durchmesser	Baum-theil	Jahringbreite	Organische Substanz in 100 Raumtheilen frischen Holzes			Luftraum	Wassergehalt in 100 Raumtheilen			auf 100 Gewichtseinheiten	Specif. Gewicht		Schwindeprocent
			Gramme	Raumtheile									
				trocken	imbibirt		im Ganzen	im flüss. Zustande	der Zellhöhle		frisch	trocken	
a	b	c	d	e	f	g	h	i	k	l	m	n	o
27,5	Splint	1,2	36,1	23,1	37,0	5,9	71,0	57,1	90,6	66,3	107,2	41,2	12,3
„	Kern	1,8	40,9	—	—	—	25,6	—	—	38,5	66,5	45,0	9,2
13,5	Holz	1,6	38,4	—	—	—	49,7	—	—	56,4	88,1	43,0	10,8
31,7	Splint	2,0	44,8	28,7	45,9	8,9	62,4	45,2	83,5	58,2	107,1	50,3	11,0
Ganzer Stamm			44,6	—	—	—	34,3	—	—	—	78,9	—	—
Splintkörper			45,1	28,9	46,2	7,7	63,4	46,1	85,7	—	108,5	—	—

28. Fichte.[1]

Alter 120 Jahre.   Inhalt 2,25 fm.   9. October 1884.

Baumhöhe und Durchmesser	Baum-theil	Jahringbreite	Gramme	trocken	imbibirt	Luftraum	im Ganzen	im flüss. Zustande	der Zellhöhle	auf 100 Gew.	frisch	trocken	Schwindeprocent
1,5	Splint	0,7	44,0	28,2	45,1	11,7	60,1	43,2	78,7	57,7	104,1	51,3	14,3
41,0	Kern faul												
6,7	Splint	0,6	41,6	26,7	42,7	16,0	57,3	41,3	72,1	58,0	99,0	48,8	14,8
„	Kern	2,0	37,1	—	—	—	12,7	—	—	25,3	49,7	43,3	14,1
36,0	Holz	1,5	38,2	—	—	—	22,7	—	—	37,3	60,9	44,5	14,3
11,9	Splint	0,7	40,9	26,2	41,9	16,9	56,9	41,2	70,9	58,2	97,8	47,9	14,6
„	Kern	2,1	38,1	—	—	—	13,1	—	—	25,6	51,2	45,0	15,5
34,5	Holz	1,5	38,8	—	—	—	23,8	—	—	38,9	63,6	45,8	15,2
17,1	Splint	0,7	39,3	25,2	40,3	17,7	57,1	42,4	70,5	59,3	96,5	46,1	14,8
„	Kern	2,1	38,9	—	—	—	14,6	—	—	27,3	53,5	44,5	12,5
29,5	Holz	1,5	39,0	—	—	—	26,8	—	—	40,8	65,7	44,9	13,2
22,3	Splint	0,9	38,8	24,9	39,8	15,1	60,0	45,1	74,9	60,7	98,8	45,2	14,1
„	Kern	2,0	40,1	—	—	—	15,3	—	—	27,6	55,3	45,5	12,0
24,5	Holz	1,5	39,6	—	—	—	33,5	—	—	45,9	73,1	45,4	12,8
27,5	Splint	1,2	41,4	26,5	42,4	10,0	63,5	47,6	82,8	60,6	104,9	47,3	12,5
„	Kern	1,5	41,0	—	—	—	21,6	—	—	34,5	62,6	46,5	11,9
18,0	Holz	1,4	41,2	—	—	—	45,6	—	—	52,5	86,9	47,0	12,2
32,7	Splint	1,2	43,5	27,9	44,6	19,1	53,0	36,3	65,5	54,9	96,5	50,6	14,0
Ganzer Stamm			38,7	—	—	—	27,0	—	—	—	65,7	—	—
Splintkörper			41,3	26,5	42,4	14,9	58,6	42,7	74,1	—	99,9	—	—

[1] Dieser Baum wurde am 4. April entästet. Der Zuwachs dieses Sommers ist Seite 33 berechnet.

29. Fichte.[1]
Alter 130 Jahre. Inhalt 1,15 fm. 30. December 1884.

Baumhöhe und Durchmesser	Baumtheil	Jahrringbreite	Organische Substanz in 100 Raumtheilen frischen Holzes			Luftraum	Wassergehalt				Specif. Gewicht		Schwindeprocent
			Gramme	Raumtheile			in 100 Raumtheilen			auf 100 Gewichtseinheiten	frisch	trocken	
				trocken	imbibirt		im Ganzen	im flüss. Zustande	der Zellhöhle				
a	b	c	d	e	f	g	h	i	k	l	m	n	o
1,5	Splint	0,8	40,9	26,2	41,9	8,9	64,9	49,2	84,7	61,4	105,8	47,8	14,7
„	Kern	1,4	43,4	—	—	—	17,7	—	—	28,9	61,1	50,2	13,5
30,0	Holz	1,2	42,6	—	—	—	32,4	—	—	43,2	75,0	49,5	13,9
6,7	Splint	0,6	42,5	27,2	43,5	17,7	55,1	38,8	68,7	56,4	97,6	49,7	14,4
„	Kern	1,3	43,8	—	—	—	14,7	—	—	25,1	58,5	50,4	13,2
27,5	Holz	1,1	43,4	—	—	—	28,1	—	—	39,2	71,4	50,2	13,6
11,9	Splint	0,6	42,0	27,0	43,2	17,5	55,5	39,3	69,2	56,9	97,5	48,9	13,9
„	Kern	1,5	40,7	—	—	—	13,1	—	—	24,3	52,3	47,0	13,5
24,5	Holz	1,1	41,0	—	—	—	24,5	—	—	37,4	65,5	47,5	13,6
17,1	Splint	0,7	40,8	26,2	41,9	16,8	57,0	41,3	71,1	58,3	97,7	48,0	15,0
„	Kern	1,6	40,9	—	—	—	13,2	—	—	24,3	54,0	45,5	10,2
21,0	Holz	1,2	40,9	—	—	—	30,9	—	—	43,1	71,7	46,5	12,2
22,3	Splint	1,0	43,8	28,1	45,0	13,4	58,5	41,6	75,6	57,2	102,3	50,3	12,9
„	Kern	1,7	45,2	—	—	—	18,4	—	—	28,9	63,6	50,6	10,7
17,0	Holz	1,4	44,6	—	—	—	36,3	—	—	44,9	80,9	50,4	11,7
27,5	Splint	1,8	40,0	25,6	41,0	10,2	64,2	48,8	82,7	61,7	104,2	43,9	9,0
„	Kern	2,2	40,6	—	—	—	31,5	—	—	43,7	73,2	45,3	10,3
11,0	Holz	2,0	40,2	—	—	—	54,0	—	—	57,3	94,1	44,3	9,4
Ganzer Stamm			42,3	27,1	43,4	42,1	30,8	14,5	25,6	—	73,1	—	—
Splintkörper			41,7	26,7	42,7	14,1	59,2	43,2	75,4	—	100,9	—	—

30. Fichte.[2]
Alter 125 Jahre. Höhe 31 m. Inhalt 1,17 fm. 2. April 1884.

Baumhöhe und Durchmesser	Baumtheil	Jahrringbreite	Gramme	trocken	imbibirt	Luftraum	im Ganzen	im flüss. Zustande	der Zellhöhle	auf 100 Gewichtseinheiten	frisch	trocken	Schwindeprocent
1,5	Splint	0,6	36,5	23,4	37,4	22,0	54,6	40,6	64,8	58,2	93,8	45,5	13,7
„	Mitte	1,5	40,2	—	—	—	18,6	—	—	31,6	58,8	46,0	12,0
„	Kern	2,6	38,6	—	—	—	11,9	—	—	23,6	50,6	43,6	11,2
31,5	Holz	1,4	39,1	—	—	—	24,7	—	—	38,7	63,9	44,6	12,2

1) Dieser Baum wurde am 11. October 1884 entästet.
2) Dieser Baum ist am 28. December 1883 eingesägt.

30. Fichte.

Baumhöhe und Durchmesser	Baumtheil	Jahrringbreite	Organische Substanz in 100 Raumtheilen frischen Holzes			Luftraum	Wassergehalt				Specif. Gewicht		Schwindeprocent
			Gramme	Raumtheile			in 100 Raumtheilen			auf 100 Gewichtseinheiten	frisch	trocken	
				trocken	imbibirt		im Ganzen	im flüss. Zustande	der Zellhöhle				
a	b	c	d	e	f	g	h	i	k	l	m	n	o
6,7	Splint	0,6	38,6	24,7	39,5	19,6	55,7	40,9	67,6	59,1	94,2	44,3	13,0
„	Mitte	1,4	39,0	—	—	—	21,1	—	—	35,1	60,2	44,8	12,8
„	Kern	2,7	37,3	—	—	—	12,2	—	—	24,6	49,5	42,7	12,7
28,5	Holz	1,5	38,1	—	—	—	27,1	—	—	41,5	65,2	43,7	12,8
11,9	Splint	0,6	36,8	23,6	37,8	18,6	57,8	43,6	70,1	61,1	94,6	41,1	10,3
„	Mitte	1,2	37,2	—	—	—	18,2	—	—	32,8	55,5	42,1	11,5
„	Kern	2,6	40,2	—	—	—	11,8	—	—	22,7	51,9	44,2	9,2
25,0	Holz	1,4	38,4	—	—	—	28,1	—	—	42,2	65,5	45,9	11,9
17,1	Splint	0,8	38,0	24,3	38,9	17,8	57,9	43,3	70,9	60,4	95,9	43,9	13,5
„	Mitte	1,5	40,5	—	—	—	21,4	—	—	34,6	61,9	46,2	12,3
„	Kern	2,2	42,9	—	—	—	13,0	—	—	23,2	55,9	47,7	10,0
20,5	Holz	1,4	40,5	—	—	—	30,8	—	—	43,1	71,2	46,0	11,9
22,3	Splint	1,0	41,1	26,3	42,1	14,3	59,4	43,6	75,3	59,1	100,6	47,9	14,0
„	Kern	2,3	44,9	—	—	—	14,7	—	—	29,5	63,7	50,4	10,8
16,0	Holz	1,6	43,3	—	—	—	35,5	—	—	44,9	78,8	49,4	12,2
27,5	Splint	1,6	42,4	27,2	43,5	13,0	59,8	43,5	77,0	58,5	102,2	48,3	12,3
„	Kern	2,3	45,9	––	—	—	28,6	—	—	38,4	74,5	51,1	10,2
8,0	Holz	1,9	43,6	—	—	—	49,5	—	—	53,1	93,0	49,3	11,5
30,0	Holz	2,2	45,5	28,5	45,6	14,8	56,7	39,6	72,8	55,4	102,2	51,3	11,3
Ganzer Stamm		39,3	—	—	—	28,2	—	—	—	67,5	—	—	
Splintkörper		37,6	24,1	38,5	19,2	56,7	42,3	68,8	—	94,3	—	—	

31. Fichte.[1]

Alter 125 Jahre.   Höhe 33 m.   Inhalt 2,07 fm.   27. Juni 1884.

a	b	c	d	e	f	g	h	i	k	l	m	n	o
1,5	Splint	1,5	38,7	24,8	39,7	41,0	34,2	19,3	32,0	46,9	72,9	43,8	11,6
„	Mitte	1,2	40,3	—	—	—	14,0	—	—	25,9	54,3	47,3	14,9
„	Kern	2,0	39,0	—	—	—	11,7	—	—	23,1	50,7	45,2	13,7
40,0	Holz	1,7	39,3	—	—	—	17,3	—	—	30,6	56,6	45,4	13,7

---

[1] Dieser Baum ist am 28. December 1883 eingesägt. Derselbe hat nicht ausgetrieben. Die Nadeln der alten Triebe zwar grün, aber theilweise abfallend. Rinde der Triebe trocken. Am Schafte die Rinde gesund. Keine Spur von Zuwachs.

31. Fichte.

Baumhöhe und Durchmesser	Baum-theil	Jahrringbreite	Organische Substanz in 100 Raumtheilen frischen Holzes			Luftraum	Wassergehalt			auf 100 Gewichtseinheiten	Specif. Gewicht		Schwindeprocent
			Gramme	Raumtheile			in 100 Raumtheilen						
				trocken	imbibirt		im Ganzen	im flüss. Zustande	der Zellhöhle		frisch	trocken	
a	b	c	d	e	f	g	h	i	k	l	m	n	o
6,7	Splint	1,2	40,2	25,8	41,3	40,0	34,2	18,7	31,9	45,9	74,4	47,1	14,6
„	Mitte	2,4	42,8	—	—	—	15,2	—	—	26,3	58,0	49,8	14,1
„	Kern	1,9	41,5	—	—	—	12,6	—	—	23,3	54,0	46,6	11,1
36,0	Holz	1,9	41,5	—	—	—	20,0	—	—	32,5	61,6	47,9	13,2
11,9	Splint	1,1	42,1	27,0	43,2	36,1	36,9	20,7	36,5	46,7	79,0	47,3	11,0
„	Mitte	1,4	41,7	—	—	—	14,8	—	—	26,1	56,5	47,4	12,0
„	Kern	2,4	40,2	—	—	—	12,7	—	—	23.9	52.8	45,5	11,7
32,0	Holz	1,7	41,2	—	—	—	20,6	—	—	33,3	61,8	46,6	11,5
17,1	Splint	1,3	39,8	25,5	40,8	38,0	36,5	21,2	35,8	47,8	76,4	46,6	14,6
„	Mitte	1,1	38,4	—	—	—	16,6	—	—	30,2	55,0	42,7	10,1
„	Kern	2,7	40,3	—	—	—	12,5	—	—	23,6	52,7	44,4	9,4
28,5	Holz	1,7	40,0	—	—	—	22,1	—	—	35,6	62,1	44,7	10,5
22,3	Splint	1,4	34,7	22,2	35,5	51,8	26,0	12,7	19,7	42,9	60,7	40,8	15,0
„	Mitte	1,9	36,1	—	—	—	24,2	—	—	40,1	60,4	42,0	13,9
„	Kern	2,5	37,3	—	—	—	11,9	—	—	24,2	49,2	42,5	12,1
24,0	Holz	2,1	36,2	—	—	—	19,8	—	—	35,3	55,9	41,8	13,5
27,5	Splint	2,2	36,0	23,3	37,3	47,7	29,0	15,0	23,9	44,4	65,3	41,1	11,7
„	Kern	2,5	39,3	—	—	—	25,5	—	—	39,6	64,9	44,3	11,1
15,0	Holz	2,3	37,5	—	—	—	27,6	—	—	42,4	65,1	42,4	11,5
31,7	Holz	3,1	42,0	27,0	43,2	53,6	19,4	3,2	5,6	31,6	61,5	46,4	9,5
Ganzer Stamm			39,9	—	—	—	19,9	—	—	—	59,8	—	—
Splintkörper			39,2	25,1	40,1	41,5	33,4	18,4	30,7	—	72,6	—	—

32. Fichte. [1]

Alter 130 Jahre. Höhe 34 m. Inhalt 1,77 fm. 27. Juni 1884.

a	b	c	d	e	f	g	h	i	k	l	m	n	o
1,5	Splint	1,8	40,5	26,0	41,6	20,2	53,8	38,2	65,4	57,1	94,4	46,5	12,8
„	Mitte	1,3	41,6	—	—	—	16,4	—	—	28,3	58,0	49,1	16,2
„	Kern	1,4	42,8	—	—	—	13,8	—	—	24,3	56,6	48,4	11,5
37,0	Holz	1,4	41,9	—	—	—	26,1	—	—	38,4	67,9	48,0	12,9

[1] Dieser Baum ist am 4. April 1884 eingesägt. Die Knospen fangen erst an, auszutreiben. Der ganze Baum scheinbar gesund, aber nur mit minimalem Zuwachs.

32. Fichte.

Baumhöhe und Durchmesser	Baumtheil	Jahrringbreite	Organische Substanz in 100 Raumtheilen frischen Holzes			Luftraum	Wassergehalt				Specif. Gewicht		Schwindeprocent
			Gramme	Raumtheile			in 100 Raumtheilen			auf 100 Gewichtseinheiten			
				trocken	imbibirt		im Ganzen	im flüss. Zustande	der Zellhöhle		frisch	trocken	
a	b	c	d	e	f	g	h	i	k	l	m	n	o
6,7	Splint	1,2	43,4	27,8	44,5	21,7	50,5	33,8	60,9	53,8	93,9	49,5	12,4
„	Mitte	1,0	44,1	—	—	—	23,7	—	—	35,0	67,8	51,5	14,4
„	Kern	1,5	42,2	—	—	—	11,5	—	—	21,4	53,8	48,3	13,1
33,5	Holz	1,4	43,1	—	—	—	27,3	—	—	38,8	70,4	49,5	12,9
11,9	Splint	1,2	41,9	26,8	42,9	22,2	51,0	34,9	60,9	54,9	93,0	48,1	12,9
„	Mitte	1,1	43,3	—	—	—	17,2	—	—	28,4	60,5	50,9	14,9
„	Kern	1,7	39,4	—	—	—	11,8	—	—	23,1	51,2	45,6	13,7
29,0	Holz	1,4	41,5	—	—	—	27,6	—	—	40,0	69,1	48,1	13,7
17,1	Splint	1,4	41,6	26,6	42,6	26,5	46,9	30,9	53,8	52,9	88,5	46,9	11,3
„	Kern	1,8	39,9	—	—	—	17,1	—	—	29,9	56,9	45,2	11,9
26,0	Holz	1,6	40,6	—	—	—	28,9	—	—	41,6	69,5	45,9	11,6
22,3	Splint	1,5	42,8	27,4	43,8	28,1	44,5	28,1	50,0	50,9	87,6	46,6	7,7
„	Kern	2,0	40,3	—	—	—	15,5	—	—	27,7	55,8	45,0	10,3
22,0	Holz	1,8	41,6	—	—	—	29,2	—	—	41,3	70,9	45,7	9,0
27,5	Splint	1,7	38,1	24,4	39,0	31,1	44,5	29,9	49,0	53,8	82,7	43,8	12,8
„	Kern	2,3	39,2	—	—	—	19,6	—	—	33,3	58,8	44,7	12,3
16,0	Hoiz	2,0	38,5	—	—	—	34,6	—	—	47,3	73,1	44,0	12,6
32,7	Splint	1,9	38,0	24,4	39,0	31,7	43,9	29,3	48,0	53,5	81,9	42,6	10,7
Ganzer Stamm			41,7	—	—	—	27,8	—	—	—	69,5	—	—
Splintkörper			41,5	26,6	42,6	24,0	49,4	33,4	58,5	—	90,9	—	—

33. Fichte.[1]

Alter 125 Jahre. Höhe 34 m. Inhalt 1,64 fm. 10. October 1884.

a	b	c	d	e	f	g	h	i	k	l	m	n	o
1,5	Splint	0,7	41,3	26,5	42,4	44,7	28,8	12,9	22,4	41,1	70,1	47,7	13,4
„	Kern	1,2	43,0	—	—	—	15,3	—	—	26,0	58,5	50,2	14,5
34,0	Holz	1,0	42,4	—	—	—	20,0	—	—	32,0	62,4	49,3	14,1
6,7	Splint	0,8	39,9	25,6	40,9	32,9	41,5	26,2	44,3	50,9	81,4	45,9	13,1
„	Kern	1,9	40,0	—	—	—	12,8	—	—	24,3	52,8	46,4	13,8
31,5	Holz	1,4	40,0	—	—	—	23,2	—	—	36,7	63,2	46,2	13,6

1) Dieser Baum wurde am 4. April 1884 eingesägt. Bei der Fällung war er bereits entnadelt und die Rinde im oberen Theile des Baumes braun, mit Käfergängen.

33. Fichte.

Baumhöhe und Durchmesser	Baumtheil	Jahrringbreite	Organische Substanz in 100 Raumtheilen frischen Holzes			Luftraum	Wassergehalt			auf 100 Gewichtseinheiten	Specif. Gewicht		Schwindeprocent
			Gramme	Raumtheile			in 100 Raumtheilen						
				trocken	imbibirt		im Ganzen	im flüss. Zustande	der Zellhöhle		frisch	trocken	
a	b	c	d	e	f	g	h	i	k	l	m	n	o
11,9	Splint	0,8	41,0	26,3	42,1	32,6	41,1	25,3	43,7	50,1	82,1	47,7	14,3
„	Kern	1,5	39,9	—	—	—	12,3	—	—	23,6	52,2	45,9	13,2
30,0	Holz	1,3	40,3	—	—	—	22,8	—	—	36,1	63,1	46,6	13,6
17,1	Splint	0,8	39,3	25,2	40,3	40,1	34,7	19,6	32,8	46,9	74,1	45,3	13,4
„	Kern	1,8	39,4	—	—	—	19,0	—	—	23,9	51,7	43,7	10,0
26,0	Holz	1,3	39,3	—	—	—	23,6	—	—	37,5	62,9	44,5	11,7
22,3	Splint	0,9	36,3	23,3	37,3	61,5	15,2	1,2	1,9	29,5	51,5	40,3	10,0
„	Kern	2,2	39,0	—	—	—	12,2	—	—	23,9	51,3	42,9	8,9
21,5	Holz	1,4	37,4	—	—	—	14,0	—	—	27,3	51,4	41,4	9,6
27,5	Splint	1,5	40,3	25,8	41,3	62,6	11,6	—3,9	10	22,3	51,9	44,5	9,0
Ganzer Stamm			40,3	—	—	—	20,8	—	—	—	61,1	—	—
Splintkörper			39,8	25,5	40,8	43,1	31,4	16,1	27,2	—	71,2	—	—

34. Weisstanne.

Alter 90 Jahre. Höhe 30,8 m. Inhalt 1,78 fm. 28. December 1883.

a	b	c	d	e	f	g	h	i	k	l	m	n	o
1,5	Splint	2,1	41,8	26,8	40,2	13,6	59,6	46,2	77,2	58,8	101,4	46,8	10,7
„	Mitte	2,3	40,5	—	—	—	41,0	—	—	50,3	81,5	45,4	10,7
„	Kern	1,9	41,8	—	—	—	18,4	—	—	30,6	60,2	47,4	11,8
34,0	Holz	2,0	41,6	—	—	—	44,1	—	—	51,5	85,7	46,6	11,0
6,7	Splint	1,7	40,4	25,9	38,8	9,6	64,5	51,6	84,3	61,5	104,9	46,7	13,6
„	Mitte	2,1	39,6	—	—	—	29,0	—	—	42,2	68,6	45,8	13,6
„	Kern	2,3	38,7	—	—	—	15.2	—	—	28,2	53,9	44,5	13,1
31,0	Holz	2,0	39,7	—	—	—	40,7	—	—	50,7	80,4	45,8	13,4
11,9	Splint	1,9	38,6	24,7	37,1	7,2	68,1	55,7	88,5	63,8	106,7	44,3	12,8
„	Mitte	2,7	36,1	—	—	—	28,2	—	—	43,2	64,3	41,2	12,3
„	Kern	2,7	36,8	—	—	—	14,0	—	—	27,6	50,8	40,8	9,8
30,0	Holz	2,4	37,5	—	—	—	41,7	—	—	52,6	79,2	42,5	11,8
17,1	Splint	2,1	39,0	25,0	37,5	4,9	70,1	57,6	92,2	64,2	109,1	43,4	10,2
„	Mitte	2,5	36,8	—	—	—	31,1	—	—	45,8	67,9	41,2	10,8
„	Kern	3,2	37,8	—	—	—	19,1	—	—	33,5	56,9	41,5	8,8
28,0	Holz	2,7	38,2	—	—	—	45,4	—	—	54,3	83,6	42,4	9,8

34. Weisstanne.

Baumhöhe und Durchmesser	Baum-theil	Jahrringbreite	Organische Substanz in 100 Raumtheilen frischen Holzes			Luftraum	Wassergehalt				Specif. Gewicht		Schwindeprocent
			Gramme	Raumtheile			in 100 Raumtheilen			auf 100 Gewichtseinheiten			
				trocken	imbibirt		im Ganzen	im flüss. Zustande	der Zellhöhle		frisch	trocken	
a	b	c	d	e	f	g	h	i	k	l	m	n	o
22,3	Splint	2,1	35,2	22,5	33,8	2,5	75,0	63,7	96,2	68,1	110,2	39,5	10,7
„	Mitte	2,4	36,0	—	—	—	38,4	—	—	51,6	74,4	40,2	10,4
„	Kern	3,4	34,9	—	—	—	17,9	—	—	33,8	52,8	38,4	9,1
24,0	Holz	2,6	35,3	—	—	—	46,2	—	—	56,7	81,5	39,1	10,0
26,5	Splint	3,0	38,6	24,7	36,0	2,4	72,9	61,6	96,3	65,4	111,5	43,1	10,3
„	Kern	3,5	38,2	—	—	—	46,1	—	—	54,7	84,3	42,6	10,3
14,0	Holz	3,3	38,5	—	—	—	62,8	—	—	62,2	101,3	42,9	10,3
29,5	Splint	3,1	41,9	26,9	40,3	3,9	69,2	55,8	93,4	62,3	111,1	46,0	9,0
Ganzer Stamm			38,9	24,9	37,3	30,8	44,3	31,9	50,9	—	83,2	—	—
Splintkörper			40,1	25,7	41,6	7,9	66,4	50,5	86,5	—	106,5	—	—

35. Weisstanne.

Alter 105 Jahre. Höhe 32 m. Inhalt 1,53 fm. 3. April 1884.

Baumhöhe und Durchmesser	Baum-theil	Jahrringbreite	Gramme	trocken	imbibirt	Luftraum	im Ganzen	im flüss. Zustande	der Zellhöhle	auf 100 Gewichtseinheiten	frisch	trocken	Schwindeprocent
1,5	Splint	1,0	42,7	27,3	41,0	10,1	62,6	48,9	82,9	59,4	105,2	48,8	12,6
„	Mitte	1,3	44,1	—	—	—	42,3	—	—	48,9	86,4	49,8	11,5
„	Kern	2,5	40,0	—	—	—	16,1	—	—	28,7	56,0	44,6	10,5
34,5	Holz	1,8	41,8	—	—	—	37,8	—	—	47,5	79,6	47,2	11,4
6,7	Splint	1,0	39,7	25,5	38,2	6,8	67,7	55,0	89,0	63,0	107,4	45,7	13,2
„	Mitte	1,2	40,7	—	—	—	31,7	—	—	43,8	72,5	45,7	10,9
„	Kern	3,0	37,8	—	—	—	12,0	—	—	24,1	49,8	41,7	9,4
30,0	Holz	1,7	39,2	—	—	—	38,2	—	—	49,3	77,5	44,2	11,2
11,9	Splint	1,0	35,8	22,9	34,4	7,1	70,0	58,5	89,2	66,1	105,9	40,9	12,3
„	Mitte	1,4	37,3	—	—	—	21,2	—	—	36,1	58,5	40,5	7,9
„	Kern	3,1	35,7	—	—	—	11,8	—	—	24,8	47,5	39,1	8,6
28,5	Holz	1,8	36,0	—	—	—	33,5	—	—	48,1	69,5	40,0	9,9
17,1	Splint	1,2	35,0	22,4	33,6	8,3	69,3	58,1	87,5	66,4	104,3	40,0	12,5
„	Mitte	1,6	35,2	—	—	—	31,0	—	—	46,8	66,2	40,0	12,1
„	Kern	2,8	36,1	—	—	—	13,0	—	—	26,5	49,1	39,0	7,5
25,5	Holz	1,9	35,4	—	—	—	42,2	—	—	54,4	76,4	39,7	10,6
22,3	Splint	1,8	36,6	23,4	35,1	7,4	69,2	57,5	88,6	65,4	105,9	40,4	9,5
„	Mitte	2,8	37,5	—	—	—	33,4	—	—	47,0	70,9	41,1	8,6
„	Kern	2,7	36,5	—	—	—	14,0	—	—	27,7	50,5	39,9	8,6
21,0	Holz	2,3	36,8	—	—	—	47,3	—	—	56,3	84,1	40,4	9,1

35. Weisstanne.

Baumhöhe und Durchmesser	Baumtheil	Jahrringbreite	Organische Substanz in 100 Raumtheilen frischen Holzes			Luftraum	Wassergehalt			auf 100 Gewichtseinheiten	Specif. Gewicht		Schwindeprocent
			Gramme	Raumtheile			in 100 Raumtheilen						
				trocken	imbibirt		im Ganzen	im flüss. Zustande	der Zellhöhle		frisch	trocken	
a	b	c	d	e	f	g	h	i	k	l	m	n	o
27,5	Splint	2,5	36,1	23,1	34,7	7,7	69,2	57,6	88,2	65,7	105,3	40,1	10,0
„	Kern	2,5	39,0	—	—	—	43,5	—	—	52,7	82,5	42,8	8,9
11,0	Holz	2,5	36,7	—	—	—	64,0	—	—	63,5	100,7	40,7	9,8
30,7	Holz	3,5	40,7	26,1	39,1	9,3	64,6	51,6	84,7	61,3	105,3	43,9	7,3
Ganzer Stamm			38,4	24,6	36,9	35,9	39,5	27,2	43,1	—	77,9	—	—
Splintkörper			38,2	24,5	36,7	8,0	67,5	55,3	87,3	—	105,7	—	—

36. Weisstanne.

Alter 110 Jahre. Höhe 30 m. Inhalt 1,19 fm. 28. Juni 1884.

a	b	c	d	e	f	g	h	i	k	l	m	n	o
1,5	Splint	0,8	37,7	24,2	36,3	11,8	64,0	51,9	81,5	62,9	101,8	44,6	15,3
„	Mitte	1,5	38,1	—	—	—	18,1	—	—	32,2	56,2	44,8	14,9
„	Kern	2,5	35,4	—	—	—	18,1	—	—	33,8	53,5	40,5	12,3
29,5	Holz	1,4	37,1	—	—	—	36,9	—	—	49,9	74,0	43,3	14,3
6,7	Splint	0,8	33,8	21,7	32,6	13,8	64,5	53,6	79,5	65,6	98,3	40,8	14,2
„	Mitte	1,4	33,2	—	—	—	14,9	—	—	31,0	48,2	39,5	15,8
„	Kern	3,0	33,1	—	—	—	15,8	—	—	32,3	48,8	36,7	9,9
27,0	Holz	1,5	33,4	—	—	—	33,7	—	—	50,2	67,1	39,0	14,4
11,9	Splint	0,8	31,6	20,2	30,3	13,2	66,6	56,5	81,1	67,8	98,2	36,7	13,9
„	Mitte	1,6	32,4	—	—	—	17,5	—	—	35,0	49,8	35,9	9,8
„	Kern	4,1	29,4	—	—	—	16,0	—	—	35,2	45,4	33,6	12,4
24,5	Holz	1,6	31,1	—	—	—	36,4	—	—	53,9	67,5	35,4	12,3
17,1	Splint	1,0	31,8	20,4	30,6	10,0	69,6	59,4	85,6	68,6	101,4	36,4	12,4
„	Kern	3,1	31,7	—	—	—	20,9	—	—	39,8	52,6	35,0	9,5
22,0	Holz	1,8	31,8	—	—	—	42,9	—	—	57,4	74,6	35,6	10,8
22,3	Splint	1,7	30,4	19,5	29,3	9,5	71,0	61,2	86,5	70,0	101,5	34,8	12,7
„	Kern	4,2	32,7	—	—	—	17,8	—	—	35,2	50,6	35,9	8,7
19,0	Holz	2,4	31,3	—	—	—	50,1	—	—	61,5	81,5	35,2	11,1
27,5	Holz	2,6	34,6	22,2	33,3	9,2	68,6	75,5	86,2	66,5	103,3	39,4	12,1
Ganzer Stamm			33,8	21,7	32,5	39,1	39,2	28,4	41,6	—	73,0	—	—
Splintkörper			33,7	21,6	32,4	11,6	66,8	56,0	82,8	—	100,5	—	—

37. Weisstanne.

Alter 100 Jahre. Höhe 27,5 m. Inhalt 1,06 fm. 9. October 1884.

Baumhöhe und Durchmesser	Baumtheil	Jahringbreite	Organische Substanz in 100 Raumtheilen frischen Holzes			Luftraum	Wassergehalt			auf 100 Gewichtseinheiten	Specif. Gewicht		Schwindeprocent
			Gramme	Raumtheile			in 100 Raumtheilen				frisch	trocken	
				trocken	imbibirt		im Ganzen	im flüss. Zustande	der Zellhöhle				
a	b	c	d	e	f	g	h	i	k	l	m	n	o
1,5	Splint	1,2	38,3	24,5	36,7	10,9	64,6	52,4	82,8	62,7	103,0	45,0	14,9
„	Mitte	1,8	39,0	—	—	—	29,4	—	—	43,0	68,3	46,3	15,7
„	Kern	2,1	39,6	—	—	—	24,1	—	—	37,8	63,7	45,2	12,3
31,0	Holz	1,6	38,9	—	—	—	42,7	—	—	52,3	81,7	45,3	14,1
6,7	Splint	1,1	38,3	24,5	36,7	6,3	69,2	57,0	90,0	64,5	107,4	44,3	13,5
„	Mitte	1,4	40,7	—	—	—	24,4	—	—	37,7	65,0	47,0	13,6
„	Kern	2,6	36,7	—	—	—	20,2	—	—	35,4	56,9	41,2	10,8
28,0	Holz	1,4	38,3	—	—	—	46,6	—	—	54,9	84,9	43,8	12,8
11,9	Splint	1,2	35,6	22,8	34,2	4,9	72,3	60,9	92,4	67,0	107,8	41,0	13,1
„	Mitte	1,5	37,0	—	—	—	33,9	—	—	47,7	70,9	42,9	13,6
„	Kern	2,6	35,6	—	—	—	24,4	—	—	40,6	59,9	40,3	11,8
24,0	Holz	1,8	35,8	—	—	—	50,3	—	—	58,4	86,1	41,0	12,7
17,1	Splint	1,5	36,6	23,5	35,2	5,2	71,3	59,6	92,0	66,1	107,9	41,8	12,4
„	Kern	2,2	39,4	—	—	—	34,5	—	—	46,7	73,8	45,2	12,9
19,0	Holz	1,8	37,7	—	—	—	56,5	—	—	59,9	94,2	43,2	12,6
22,3	Splint	2,5	40,0	25,6	38,4	9,8	64,6	51,8	84,1	61,9	104,4	45,6	12,6
„	Kern	2,9	37,2	—	—	—	42,5	—	—	53,3	79,7	40,3	7,8
14,0	Holz	2,6	39,3	—	—	—	60,2	—	—	60,5	99,5	44,5	11,7
26,5	Holz	3,4	39,2	25,1	37,7	9,9	65,0	52,4	84,1	62,3	104,3	42,6	7,8
	Ganzer Stamm		38,0	24,4	36,6	27,3	48,3	36,1	56,9	—	86,3	—	—
	Splintkörper		37,7	24,2	36,3	7,5	68,3	56,4	88,3	—	106,0	—	—

38. Weisstanne. [1]

Alter 105 Jahre. Inhalt 0,96 fm. Gefällt 3. April 1884.

a	b	c	d	e	f	g	h	i	k	l	m	n	o
1,5	Splint	0,9	37,8	24,2	36,3	8,3	67,5	55,4	86,9	64,1	105,4	43,9	13,8
„	Mitte	1,2	40,1	—	—	—	45,0	—	—	52,9	85,1	45,2	11,3
„	Kern	2,2	39,1	—	—	—	23,1	—	—	37,2	62,3	43,9	10,8
28,0	Holz	1,5	38,9	—	—	—	44,1	—	—	53,1	83,0	44,2	12,0

1) Dieser Baum wurde am 28. December 1883 entästet.

38. Weisstanne.

Baumhöhe und Durchmesser	Baumtheil	Jahrringbreite	Organische Substanz in 100 Raumtheilen frischen Holzes			Luftraum	Wassergehalt				Specif. Gewicht		Schwindeprocent
			Gramme	Raumtheile			in 100 Raumtheilen			auf 100 Gewichtseinheiten	frisch	trocken	
				trocken	imbibirt		im Ganzen	im flüss. Zustande	der Zellhöhle				
a	b	c	d	e	f	g	h	i	k	l	m	n	o
6,7	Splint	0,9	39,9	25,6	38,4	3,4	71,0	58,2	94,4	64,1	110,9	46,0	13,3
„	Mitte	1,2	39,1	—	—	—	30,2	—	—	43,6	69,3	44,9	12,9
„	Kern	2,2	38,2	—	—	—	21,3	—	—	35,8	59,5	42,9	11,0
26,0	Holz	1,5	38,9	—	—	—	37,5	—	—	49,1	76,4	44,3	12,1
11,9	Splint	1,0	35,1	22,5	33,7	7,1	70,4	59,2	89,3	66,7	105,5	40,5	13,3
„	Mitte	1,2	35,3	—	—	—	25,5	—	—	41,9	60,8	39,9	11,5
„	Kern	2,5	34,8	—	—	—	26,2	—	—	42,9	61,1	38,4	9,1
23,0	Holz	1,7	35,0	—	—	—	41,3	—	—	54,1	76,2	39,4	11,1
17,1	Splint	1,2	38,5	24,7	37,1	4,1	71,2	58,8	93,5	64,9	110,1	43,5	11,5
„	Mitte	2,1	38,4	—	—	—	33,8	—	—	46,6	72,1	43,6	11,8
„	Kern	3,2	36,8	—	—	—	34,2	—	—	48,1	71,0	39,9	7,8
19,5	Holz	2,1	37,9	—	—	—	48,7	—	—	56,2	86,6	42,3	10,3
22,3	Splint	2,3	37,9	24,3	36,5	4,4	71,3	59,1	93,1	65,3	109,2	42,1	9,9
„	Kern	4,6	39,0	—	—	—	40,5	—	—	50,9	79,6	41,8	6,5
13,5	Holz	3,1	38,4	—	—	—	59,1	—	—	60,6	97,5	42,0	8,6
25,5	Holz	3,0	35,8	22,9	34,4	6,1	71,0	59,5	90,7	66,5	106,8	39,9	10,4
Ganzer Stamm			37,8	24,2	36,3	32,1	43,7	31,6	49,6	—	81,5	—	—
Splintkörper			37,8	24,2	36,3	5,8	70,0	57,9	90,9	—	107,8	—	—

39. Weisstanne.[1]

Alter 100 Jahre. Inhalt 0,93 fm. 28. Juni 1874.

a	b	c	d	e	f	g	h	i	k	l	m	n	o
1,5	Splint	0,9	36,5	23,4	35,1	12,7	63,9	52,2	80,4	63,6	100,4	42,9	14,8
„	Mitte	2,0	40,2	—	—	—	24,6	—	—	37,9	64,8	46,3	13,1
„	Kern	2,9	39,6	—	—	—	13,9	—	—	25,9	53,4	44,9	11,9
29,0	Holz	1,7	38,7	—	—	—	35,1	—	—	47,6	73,8	44,6	13,3
6,7	Splint	0,8	37,2	23,8	35,7	2,4	73,9	61,9	96,3	66,5	110,9	42,6	12,7
„	Mitte	2,2	37,7	—	—	—	20,3	—	—	35,0	58,0	43,6	13,7
„	Kern	3,7	39,6	—	—	—	13,1	—	—	24,9	52,6	44,7	11,5
26,0	Holz	1,9	38,2	—	—	—	38,2	—	—	48,6	74,4	43,7	12,6

1) Dieser Baum wurde am 28. December 1883 entästet. Er zeigte bei der Fällung noch keinen Zuwachs.

39. Weisstanne.

Baumhöhe und Durchmesser	Baumtheil	Jahrringbreite	Organische Substanz in 100 Raumtheilen frischen Holzes			Luftraum	Wassergehalt				Specif. Gewicht		Schwindeprocent
			Gramme	Raumtheile			in 100 Raumtheilen			auf 100 Gewichtseinheiten			
				trocken	imbibirt		im Ganzen	im flüss. Zustande	der Zellhöhle		frisch	trocken	
a	b	c	d	e	f	g	h	i	k	l	m	n	o
11,9	Splint	0,8	33,1	21,2	31,8	5,4	73,4	62,8	92,1	68,9	106,5	38,6	14,5
„	Mitte	2,3	35,7	—	—	—	14,1	—	—	28,4	49,8	40,9	12,9
„	Kern	3,5	39,1	—	—	—	12,7	—	—	24,5	51,9	44,4	11,9
23,5	Holz	1,9	35,9	—	—	—	34,5	—	—	48,9	70,4	41,3	13,1
17,1	Splint	0,9	33,4	21,4	32,1	2,7	75,9	65,2	96,0	69,5	109,3	38,4	13,0
„	Kern	3,0	38,4	—	—	—	19,7	—	—	33,9	58,1	43,2	11,2
18,5	Holz	1,8	36,4	—	—	—	42,0	—	—	53,5	78,4	41,3	11,9
22,3	Splint	1,3	41,2	26,4	39,6	6,7	66,8	53,6	88,9	61,9	108,0	47,5	13,4
„	Kern	2,1	36,3	—	—	—	40,1	—	—	52,5	76,4	39,4	8,1
11,0	Holz	1,6	39,3	—	—	—	56,6	—	—	59,2	95,9	44,3	11,4
Ganzer Stamm			37,9	24,3	36,4	38,0	37,7	25,6	40,2	—	75,6	—	=
Splintkörper			35,9	23,0	34,5	7,2	69,8	58,3	89,0	—	105,7	—	—

40. Weisstanne.[1]
Alter 110 Jahre. Inhalt 1,30 fm. 29. Juni 1884.

a	b	c	d	e	f	g	h	i	k	l	m	n	o
1,5	Splint	1,4	43,8	28,1	42,2	14,8	57,1	43,0	74,4	56,6	101,0	48,9	10,4
„	Mitte	1,8	42,2	—	—	—	32,2	—	—	43,3	74,4	47,7	11,6
„	Kern	1,9	43,5	—	—	—	34,0	—	—	43,9	77,4	49,6	11,2
33,0	Holz	1,8	43,3	—	—	—	43,8	—	—	50,3	87,1	48,9	11,3
6,7	Splint	1,6	40,5	26,0	39,0	9,5	64,5	51,5	84,4	61,4	105,0	45,4	10,7
„	Mitte	2,0	40,1	—	—	—	28,3	⊥	—	41,4	68,4	45,3	11,4
„	Kern	2,2	36,4	—	—	—	21,8	—	—	37,5	58,3	41,7	12,7
29,0	Holz	2,0	38,8	—	—	—	30,9	—	—	50,3	78,1	43,9	11,7
11,9	Splint	1,4	37,0	23,7	35,6	6,4	69,9	58,0	90,0	65,4	106,8	43,2	14,2
„	Mitte	1,9	36,9	—	—	—	39,2	—	—	51,5	76,1	42,1	12,2
„	Kern	2,7	36,3	—	—	—	23,9	—	—	39,6	60,2	41,1	11,6
26,0	Holz	2,0	36,8	—	—	—	48,2	—	—	56,7	84,9	42,3	13,0
17,1	Splint	1,6	36,3	23,3	35,0	6,7	70,0	58,3	89,7	65,9	106,3	42,3	14,3
„	Mitte	2,4	37,1	—	—	—	43,9	—	—	54,1	81,0	42,2	12,1
„	Kern	3,3	34,8	—	—	—	24,9	—	—	41,7	59,7	39,6	12,1
23,0	Holz	2,1	36,1	—	—	—	50,0	—	—	58,1	86,0	41,5	13,1

1) Dieser Baum wurde am 8. April 1884 entästet. Der Zuwachs des letzten Sommers ist Seite 33 berechnet.

40. Weisstanne.

Baumhöhe und Durchmesser	Baumtheil	Jahrringbreite	Organische Substanz in 100 Raumtheilen frischen Holzes			Luftraum	Wassergehalt				Specif. Gewicht		Schwindeprocent
			Gramme	Raumtheile			in 100 Raumtheilen			auf 100 Gewichtseinheiten			
				trocken	imbibirt		im Ganzen	im flüss. Zustande	der Zellhöhle		frisch	trocken	
a	b	c	d	e	f	g	h	i	k	l	m	n	o
22,3	Splint	2,0	35,6	22,8	34,2	9,4	67,8	56,4	85,7	65,5	103,4	41,6	14,3
„	Kern	3,6	33,6	—	—	—	28,0	—	—	45,4	61,5	37,0	9,3
17,5	Holz	2,6	34,8	—	—	—	52,5	—	—	60,1	87,4	39,8	12,4
27,5	Holz	3,0	35,8	22,9	34,4	11,4	65,7	54,2	82,6	64,8	101,5	40,4	11,6
	Ganzer Stamm		39,0	25,0	37,5	31,3	43,7	31,2	49,9	—	82,7	—	—
	Splintkörper		39,4	25,3	37,9	10,2	64,5	51,9	83,6	—	103,9	—	—

41. Weisstanne.[1)]

Alter 105 Jahre.　Inhalt 1,20 fm.　9. October 1884.

a	b	c	d	e	f	g	h	i	k	l	m	n	o
1,5	Splint	1,2	40,6	26,0	39,0	29,2	44,8	31,8	52,1	52,5	85,4	45,7	11,2
„	Mitte	1,5	40,1	—	—	—	14,8	—	—	26,9	55,0	45,3	11,4
„	Kern	1,8	37,5	—	—	—	17,4	—	—	31,6	54,9	41,4	9,3
31,5	Holz	1,5	39,4	—	—	—	29,9	—	—	43,1	69,4	44,2	10,6
6,7	Splint	1,6	42,5	27,2	40,8	33,1	39,7	26,1	44,1	48,3	82,2	47,6	10,8
„	Kern	1,8	37,4	—	—	—	17,2	—	—	31,6	54,7	41,9	10,8
29,5	Holz	1,7	40,0	—	—	—	28,6	—	—	41,7	68,6	44,8	10,8
11,9	Splint	1,4	37,2	23,8	35,7	29,8	46,4	34,5	53,7	55,5	83,7	41,5	10,3
„	Kern	2,1	33,8	—	—	—	17,0	—	—	33,5	50,8	38,1	11,4
25,0	Holz	1,8	35,5	—	—	—	31,9	—	—	47,3	67,4	39,8	10,8
17,1	Splint	1,4	40,1	25,7	38,5	34,4	39,9	27,1	44,1	49,8	80,0	43,9	8,6
„	Kern	2,4	32,6	—	—	—	16,5	—	—	33,3	49,5	36,5	9,5
21,5	Holz	1,9	37,4	—	—	—	31,1	—	—	45,3	68,5	41,1	8,9
22,3	Holz	2,1	39,4	24,0	36,0	31,9	44,1	32,1	50,1	52,8	83,5	42,6	7,5
	Ganzer Stamm		38,5	24,6	36,9	43,9	31,5	19,2	30,4	—	70,0	—	—
	Splintkörper		40,2	25,8	38,7	31,3	42,9	30,0	48,9	—	83,1	—	—

---

1) Dieser Baum wurde am 8. April entästet. Sein Zuwachs im Sommer ist Seite 33 berechnet.

42. Weisstanne.[1]

Alter 100 Jahre. Inhalt 0,98 fm. 30. December 1884.

Baumhöhe und Durchmesser	Baumtheil	Jahrringbreite	Organische Substanz in 100 Raumtheilen frischen Holzes			Luftraum	Wassergehalt			auf 100 Gewichtseinheiten	Specif. Gewicht		Schwindeprocent
			Gramme	Raumtheile			in 100 Raumtheilen						
				trocken	imbibirt		im Ganzen	im flüss. Zustande	der Zellhöhle		frisch	trocken	
a	b	c	d	e	f	g	h	i	k	l	m	n	o
1,5	Splint	0,9	41,2	26,4	39,6	9,2	64,4	51,2	84,8	61,0	105,5	46,7	11,7
„	Kern	2,0	38,0	—	—	—	13,3	—	—	25,9	51,2	42,6	10,9
30,0	Holz	1,5	39,2	—	—	—	33,1	—	—	45,7	72,3	44,2	11,2
6,7	Splint	0,8	40,0	25,6	38,4	7,3	67,1	54,3	88,1	62,6	107,2	46,0	12,9
„	Kern	2,5	37,2	—	—	—	12,8	—	—	25,6	50,0	40,5	8,2
27,0	Holz	1,8	38,1	—	—	—	30,4	—	—	44,3	68,5	42,2	9,7
11,9	Splint	0,9	36,4	23,3	34,9	8,7	68,0	56,4	86,7	65,2	104,4	41,2	11,7
„	Kern	2,8	35,1	—	—	—	15,1	—	—	30,1	50,2	39,8	12,0
23,5	Holz	1,9	35,5	—	—	—	33,6	—	—	48,6	69,1	40,3	11,9
17,1	Splint	1,1	37,2	23,8	35,7	9,0	67,2	55,3	86,0	64,3	104,6	42,3	11,6
„	Kern	2,8	35,3	—	—	—	17,9	—	—	33,7	53,2	39,5	10,6
19,0	Holz	1,9	36,2	—	—	—	39,7	—	—	52,3	75,9	40,7	11,0
22,3	Splint	1,7	38,4	24,6	36,9	11,8	63,6	51,3	81,3	62,3	102,0	43,0	10,6
„	Kern	3,5	35,8	—	—	—	17,8	—	—	33,1	53,6	43,5	15,5
12,0	Holz	2,2	37,8	—	—	—	52,1	—	—	57,9	90,0	43,1	12,3
Ganzer Stamm			37,7	24,2	36,3	31,5	34,3	22,2	41,3	—	72,0	—	—
Splintkörper			38,9	24,9	37,3	9,3	65,8	53,4	85,1	—	104,7	—	—

43. Weisstanne.[2]

Alter 110 Jahre. Höhe 30 m. Inhalt 1,36 fm. Gefällt am 3. April 1884.

Baumhöhe und Durchmesser	Baumtheil	Jahrringbreite	Gramme	trocken	imbibirt	Luftraum	im Ganzen	im flüss. Zustande	der Zellhöhle	auf 100 Gewichtseinheiten	frisch	trocken	Schwindeprocent
1,5	Splint	0,9	36,4	23,3	35,0	15,4	61,3	49,6	76,3	62,7	97,7	41,6	12,4
„	Mitte	1,7	34,5	—	—	—	21,5	—	—	38,4	55,9	38,7	10,9
„	Kern	2,5	33,9	—	—	—	13,8	—	—	29,0	47,7	37,2	9,3
32,0	Holz	1,7	34,7	—	—	—	28,6	—	—	45,2	63,3	38,9	10,5
6,7	Splint	0,8	36,1	23,1	34,7	10,2	66,7	55,1	84,4	64,8	102,8	41,2	12,4
„	Mitte	1,5	35,1	—	—	—	24,5	—	—	41,0	59,6	40,5	13,1
„	Kern	2,5	34,0	—	—	—	13,0	—	—	27,7	47,0	37,5	9,6
29,5	Holz	1,7	34,8	—	—	—	30,1	—	—	46,4	64,9	39,2	11,2

---

1) Dieser Baum wurde am 11. October 1884 entästet.
2) Dieser Baum ist am 28. December 1883 eingesägt.

43. Weisstanne.

Baumhöhe und Durchmesser	Baumtheil	Jahrringbreite	Organische Substanz in 100 Raumtheilen frischen Holzes			Luftraum	Wassergehalt				Specif. Gewicht		Schwindeprocent
			Gramme	Raumtheile			in 100 Raumtheilen			auf 100 Gewichtseinheiten			
				trocken	imbibirt		im Ganzen	im flüss. Zustande	der Zellhöhle		frisch	trocken	
a	b	c	d	e	f	g	h	i	k	l	m	n	o
11,9	Splint	1,0	35,4	22,7	34,0	9,9	67,4	56,1	85,0	65,6	102,7	39,9	11,3
„	Mitte	1,5	33,1	—	—	—	27,4	—	—	45,3	60,5	37,6	11,8
„	Kern	2,9	33,2	—	—	—	18,4	—	—	35,8	51,6	36,4	9,0
26,5	Holz	1,8	33,9	—	--	—	37,0	—	—	52,2	70,9	37,8	10,5
17,1	Splint	1,3	34,8	22,3	33,5	15,5	62,2	51,0	76,7	64,1	97,0	39,1	10,9
„	Mitte	2,3	31,9	—	—	—	57,6	—	—	63,9	89,5	36,5	12,4
„	Kern	3,1	30,9	—	—	—	13,5	—	—	30,4	44,4	33,9	8,8
23,5	Holz	2,0	33,0	—	—	—	49,1	—	—	59,8	82,1	37,1	10,9
22,3	Splint	1,5	32,6	20,9	31,4	10,3	68,8	58,3	85,0	67,8	101,4	36,5	10,5
„	Kern	3,8	30,3	—	—	—	16,4	—	--	35,2	46,8	33,3	9,0
20,0	Holz	2,5	31,4	—	—	—	43,7	—	—	58,1	75,2	34,9	9,7
27,5	Holz	4,6	31,7	20,3	30,5	9,7	70,0	59,8	86,1	68,9	101,8	34,6	8,4
Ganzer Stamm			33,9	21,7	32,5	41,8	36,5	15,7	27,3	—	70,4	—	—
Splintkörper			35,1	22,5	33,7	27,6	49,9	38,7	58,4	—	85,0	—	—

44. Weisstanne.[1]

Alter 100 Jahre. Höhe 30 m. Inhalt 1,16 fm. 28. Juni 1884.

a	b	c	d	e	f	g	h	i	k	l	m	n	o
1,5	Splint	0,9	41,9	26,8	40,2	24,3	48,9	35,5	59,3	53,9	90,9	48,0	12,7
„	Mitte	1,5	41,5	—	—	—	17,3	—	—	29,5	58,8	46,8	11,3
„	Kern	2,5	37,7	—	—	—	21,8	—	—	36,6	59,5	42,2	10,6
31,5	Holz	1,6	40,2	—	—	—	28,9	—	—	41,8	69,1	45,4	11,4
6,7	Splint	1,1	42,5	27,2	40,8	17,4	55,4	41,8	70,6	56,6	97,9	49,2	13,6
„	Mitte	1,4	40,9	—	—	—	18,9	—	—	31,7	59,8	48,4	15,6
„	Kern	2,6	37,4	—	—	—	12,2	—	—	24,5	49,5	41,5	10,1
28,0	Holz	1,7	40,2	—	—	—	28,9	—	—	41,9	69,1	46,2	12,9
11,9	Splint	1,0	38,4	24,6	36,9	29,3	46,1	33,8	53,6	54,5	84,4	44,0	12,8
„	Mitte	1,8	39,0	—	—	—	14,0	—	—	26,5	53,0	44,4	12,4
„	Kern	3,1	36,6	—	—	—	11,9	—	—	24,5	48,5	39,9	8,2
25,0	Holz	1,8	38,1	—	—	—	25,6	—	—	40,2	63,7	43,0	11,4

1) Dieser Baum ist am 8. April eingesägt. Am 28. Juni war derselbe noch im vollen Winterzustande, grün und frisch, ohne Zuwachs und Triebbildung.

44. Weisstanne.

Baumhöhe und Durchmesser	Baumtheil	Jahrringbreite	Organische Substanz in 100 Raumtheilen frischen Holzes			Luftraum	Wassergehalt			auf 100 Gewichtseinheiten	Specif. Gewicht		Schwindeprocent
			Gramme	Raumtheile			in 100 Raumtheilen						
				trocken	imbibirt		im Ganzen	im flüss. Zustande	der Zellhöhle		frisch	trocken	
a	b	c	d	e	f	g	h	i	k	l	m	n	o
17,1	Splint	1,1	39,7	25,5	38,3	36,4	38,1	25,3	41,0	48,9	77,8	45,1	11,9
„	Mitte	2,1	36,4	—	—	—	20,0	—	—	31,1	64,4	41,9	13,1
„	Kern	3,0	35,6	—	—	—	18,1	—	—	33,7	53,7	38,9	8,5
21,0	Holz	2,0	37,3	—	—	—	28,1	—	—	43,0	65,4	41,9	11,2
22,3	Splint	1,7	38,7	24,8	37,2	38,6	36,6	24,2	38,5	48,6	75,2	43,8	11,8
„	Kern	3,0	34,5	—	—	—	14,9	—	—	30,1	49,4	38,0	9,1
16,5	Holz	2,3	36,7	—	—	—	26,1	—	—	41,6	62,7	40,9	10,5
27,5	Holz	2,4	38,1	24,4	36,6	41,0	34,6	22,4	35,3	47,6	72,8	43,0	11,3
Ganzer Stamm			39,0	25,0	37,5	47,7	27,3	14,8	23,7	—	66,3	—	—
Splintkörper			40,5	26,0	39,0	27,7	46,3	33,3	54,6	—	86,8	—	—

45. Weisstanne.[1]

Alter 95 Jahre. Höhe 30 m. Inhalt 1,46 fm. 9. October 1884.

a	b	c	d	e	f	g	h	i	k	l	m	n	o
1,5	Splint	1,9	40,1	25,7	38,6	56,9	17,4	4,5	7,3	30,2	57,5	45,3	11,4
„	Kern	2,2	38,3	—	—	—	14,9	—	—	28,1	53,2	41,8	8,4
34,5	Holz	2,1	39,1	—	—	—	16,1	—	—	29,1	55,2	43,4	9,8
6,7	Splint	1,5	38,6	24,7	37,0	43,0	32,3	20,0	31,7	45,5	70,9	44,0	12,3
„	Kern	2,3	34,9	—	—	—	14,9	—	—	30,0	49,9	39,4	11,3
31,0	Holz	2,0	36,3	—	—	—	21,2	—	—	36,9	57,4	41,0	11,6
11,9	Splint	1,6	37,0	23,7	35,5	46,7	29,6	17,8	27,6	44,4	66,6	42,6	13,1
„	Kern	2,7	34,2	—	—	—	13,4	--	—	28,1	47,6	38,1	10,2
27,5	Holz	2,3	35,2	—	—	—	16,9	—	—	32,9	54,7	39,7	11,3
17,1	Splint	1,7	35,8	22,9	34,3	53,9	23,2	11,8	17,9	39,4	59,0	40,8	12,3
„	Kern	3,1	33,6	—	—	—	12,9	—	—	27,8	44,4	36,9	9,2
24,0	Holz	2,6	34,4	—	—	—	16,9	—	—	32,9	51,4	38,4	10,4

1) Dieser Baum ist am 8. April eingeschnitten. Bei der Fällung war er fast völlig entnadelt. Die jungen Zweige weich, mit missfarbiger schmutzig grüner Innenrinde. Schaftrinde fast am ganzen Baume grün. Keine Spur von Zuwachs.

45. Weisstanne.

Baumhöhe und Durchmesser	Baumtheil	Jahrringbreite	Organische Substanz in 100 Raumtheilen frischen Holzes			Luftraum	Wassergehalt				Specif. Gewicht		Schwindeprocent
			Gramme	Raumtheile			in 100 Raumtheilen			auf 100 Gewichtseinheiten			
				trocken	imblbirt		im Ganzen	im flüss. Zustande	der Zellhöhle		frisch	trocken	
a	b	c	d	e	f	g	h	i	k	l	m	n	o
22,3	Splint	2,3	36,1	23,1	34,6	46,5	30,4	18,9	28,9	41,1	66,5	40,6	10,9
„	Kern	3,5	33,0	—	—	—	16,7	—	—	33,7	49,7	36,3	9,0
19,0	Holz	3,0	34,6	—	—	—	23,9	—	—	40,8	58,5	38,5	10,0
26,5	Holz	3,0	35,1	22,5	33,7	40,7	36,8	25,6	38,6	46,8	66,0	38,2	8,0
	Ganzer Stamm		36,5	23,4	35,1	57,8	18,8	7,1	10,9	—	55,3	—	—
	Splintkörper		38,0	24,4	36,6	50,0	25,6	13,4	21,1	—	63,6	—	—